大学计算机应用基础教程
（Windows 10+Office 2016）

刘卉　张研研　编著

清华大学出版社
北京

内 容 简 介

本书依据高等学校非计算机专业计算机基础课程教学基本要求,结合一线教师多年的教学经验编写而成。全书共分 7 章,主要内容包括:认识计算机、Windows 10 操作系统及办公软件 Word 2016、Excel 2016、PowerPoint 2016 和计算机网络基础与应用。

本书以培养非计算机专业学生的计算机实践动手能力为主旨,采用"任务驱动、案例教学"的编写模式,围绕每一章的知识点设计若干趣味性和实用性均较强的实践任务,贯穿教学内容的讲解,有助于实践"教师案例演示、学生同步练习"的教学形式,使学生在任务实践中理解计算机的基础知识,掌握计算机的基本操作技能,为今后学习专业课程提供计算机辅助工具的支撑。

本书适合作为高等院校计算机通识课程的教学用书,也可作为成人教育的培训教材和教学参考书。

图书在版编目(CIP)数据

大学计算机应用基础教程:Windows 10＋Office 2016/刘卉,张研研编著. —北京:清华大学出版社, 2020.12(2025.1重印)

ISBN 978-7-302-56809-4

Ⅰ.①大… Ⅱ.①刘… ②张… Ⅲ.①Windows 操作系统－高等学校－教材 ②办公自动化－应用软件－高等学校－教材 ③Office 2016 Ⅳ.①TP316.7 ②TP317.1

中国版本图书馆 CIP 数据核字(2020)第 217370 号

责任编辑:谢　琛
封面设计:常雪影
责任校对:徐俊伟
责任印制:刘海龙

出版发行:清华大学出版社
    网　　址:https://www.tup.com.cn, https://www.wqxuetang.com
    地　　址:北京清华大学学研大厦 A 座   邮　编:100084
    社 总 机:010-83470000   邮　购:010-83470235
    投稿与读者服务:010-62776969, c-service@tup.tsinghua.edu.cn
    质量反馈:010-62772015, zhiliang@tup.tsinghua.edu.cn
    课件下载:https://www.tup.com.cn, 010-83470236
印 装 者:三河市科茂嘉荣印务有限公司
经　　销:全国新华书店
开　　本:185mm×260mm   印　张:14.5   字　数:359 千字
版　　次:2020 年 12 月第 1 版   印　次:2025 年 1 月第 9 次印刷
定　　价:49.00 元

产品编号:090501-01

前言

　　随着信息化时代的来临,计算机在社会各个领域得到了广泛应用。在新的发展趋势下,提高各专业大学生的计算机基本操作技能,培养他们的计算思维和科学素养,已经成为大学基础教育中的共识。

　　本书依据高等学校非计算机专业计算机基础课程教学基本要求,结合一线教师多年的教学经验编写而成。全书共 7 章。第 1 章为认识计算机,概述了计算机的发展简史、发展趋势、类型与应用。第 2 章为 Windows 10 操作系统,详细介绍了 Windows 10 操作系统的桌面、文件管理、设置窗口、程序管理、设备管理和常用的工具软件。第 3 章为办公软件 Office 2016,总述了 Office 2016 软件系列的共性操作功能,包括软件的启动与关闭、文件的新建与保存、软件界面、文件打印。第 4～6 章分别为 Word 2016、Excel 2016 和 PowerPoint 2016,分别介绍了三个软件各自独有的选项卡、基本功能操作以及特有的打印设置。第 7 章为计算机网络基础与应用,讲解了计算机网络配置、网页浏览器、电子邮件和网络安全软件。

　　其中,刘卉负责第 1、2、7 章的编写以及全书校审,张研研负责第 3～6 章的编写。

　　本书最大的特色是在每一章最后一节提供了若干实践任务,贯穿教学内容的知识点,步骤详尽、图解清晰,既可作为教学案例,也可用于学生自主练习。本书采用这种"任务驱动、案例教学"的编写模式,旨在践行计算机基础课程重视实践的教学特色,切实提高非计算机专业学生的计算机实践动手能力。

　　为了便于教学和自主学习,我们将为选用本书的读者提供各章任务的原始素材。

　　计算机技术及应用的发展日新月异,由于我们水平有限,书中难免有疏漏与不足之处,恳请读者批评指正。

刘　卉　张研研

2020 年 6 月

于首都师范大学

目录

第 1 章 认识计算机

1.1 概述

计算机全称为电子计算机,俗称电脑,是一种能够按照事先存储的程序自动进行大量数值计算和各种信息处理的智能电子设备。计算机是 20 世纪人类最伟大的发明之一,随着计算机技术的发展和应用,它已经成为人们日常工作、学习和生活中不可缺少的工具。

1.1.1 计算机的发展简史

1946 年 2 月,世界上第一台通用计算机 ENIAC(Electronic Numerical Integrator And Calculator)诞生于美国宾夕法尼亚大学。ENIAC 长 30.48 米、宽 6 米、高 2.4 米,占地面积约 170 平方米,总重量达 30 吨;运算速度为每秒 5000 次,是使用继电器运转的机电式计算机的 1000 倍、手工计算的 20 万倍。计算机的发展可划分为如下四个阶段。

1. 第一代电子管计算机(1946—1957 年)

以 ENIAC 为代表的第一代计算机一般为特定任务而编制,采用了体积庞大的电子管作为功能部件;每种机器都有各自不同的机器语言,功能受到限制。

2. 第二代晶体管计算机(1958—1964 年)

第二代计算机采用了晶体管和磁芯存储器,体积小、速度快、功耗低、性能更稳定。在这一时期,还产生了现代计算机的一些部件:打印机、磁带、磁盘、内存、操作系统等;并出现了更高级的 COBOL 和 FORTRAN 等编程语言,使计算机编程更容易。

3. 第三代集成电路计算机(1965—1970 年)

第三代计算机以中小规模集成电路作为主要功能部件来构建计算机。主存储器采用半导体存储器,运算速度可达每秒几十万次至几百万次基本运算,操作系统日趋完善。

4. 第四代大规模集成电路计算机（1971—现在）

1971 年以后,采用大规模集成电路(LSI)和超大规模集成电路(VLSI)作为主要电子器件制造计算机。1981 年,IBM 推出个人计算机(PC)用于家庭、办公室和学校。

1.1.2　计算机的发展趋势

随着制造集成电路的硅芯片技术快速发展,硅技术也接近了物理极限,加紧研制新技术已成为全球计算机行业发展的共识。目前已出现了一些新型计算机技术,虽然尚在发展研制阶段中,但已经展示出新型计算机的发展蓝图。

1. 量子计算机

量子计算机(quantum computer)是一类遵循量子力学规律进行高速数学和逻辑运算、存储及处理量子信息的物理装置。量子计算机技术的发展是科学界一直追逐的梦想,当某个装置处理和计算的是量子信息,运行的是量子算法时,就可以称之为量子计算机。

2. 光子计算机

光子计算机是全光数字计算机,就是用光子代替电子,用光互连代替导线互连,光硬件代替电子硬件,进行数字运算、逻辑操作、信息存储和处理的新型计算机。

3. 生物计算机

生物计算机也称仿生计算机,主要原材料是生物工程技术产生的蛋白质分子,并以此制造生物芯片来替代半导体硅片,利用有机化合物存储数据。通过这种技术制作的生物计算机体积小、耗电少、存储量大,还能运行在生化环境或者有机体中,比较适合应用于医疗诊治及生物工程等。

4. 纳米计算机

纳米计算机指将纳米技术运用于计算机领域所研制出的一种新型计算机。"纳米"本是一个计量单位,大概是氢原子直径的 10 倍。

采用纳米技术生产芯片成本十分低廉,现在纳米技术应用领域还局限于微电子机械系统,如果能应用到计算机上,必会大大节省资源,提高计算机性能。

1.1.3　计算机的类型

计算机的分类方法有多种,按照计算机的综合性能指标和用途,可划分为以下几种。

1. 超级计算机

超级计算机(Supercomputers),或称巨型机,通常是指由数百数千甚至更多的处理器(机)组成的、能够执行普通 PC 和服务器不能完成的大型、复杂的课题计算任务的计算机。超级计算机拥有最强的并行计算能力,能够在气象、军事、能源、航天、探矿等领域承担规模大、速度快的科学计算任务,是国家科技发展水平和综合国力的重要标志。2016 年 6 月,在国际权威评测 TOP500 组织发布的最新一期世界超级计算机 500 强榜单中,我国自主研制的"神威·太湖之光"超级计算机和"天河二号"超级计算机位居前两位。

2. 微型计算机

微型计算机简称微机,它的特点是体积小、灵活性大、价格便宜、使用方便。目前微型计算机已广泛用于办公、学习、娱乐等社会生活的方方面面,是发展最快、应用最为普及的一种计算机。我们日常使用的台式计算机、笔记本计算机、平板计算机、掌上计算机都属于微型计算机。

3. 网络计算机

网络计算机是在网络上使用的一种交互式信息设备,包括服务器、工作站、集线器、交换机和路由器等。

(1)服务器:是指在网络环境下,为网上多个用户提供共享信息资源和各种服务的一种高性能计算机。在服务器上需要安装网络操作系统、网络协议和各种网络服务软件。

(2)工作站:是一种高档的微型计算机,具备强大的数据运算与图形、图像处理能力,主要用于工程设计、动画制作、科学研究、软件开发、金融管理、信息服务、模拟仿真等专业领域。

(3)集线器:是一种共享介质的网络设备,能够将一些机器连接起来组成一个局域网。集线器上的所有端口争用一个共享信道的带宽,因此随着网络节点数量的增加、数据传输量的增大,每节点的可用带宽将随之减少。

(4)交换机:是一种在通信系统中完成信息交换功能的设备,它是集线器的升级换代产品,外观上与集线器非常相似,其作用与集线器大体相同,但交换机采用的是独享带宽方式。

(5)路由器:是一种负责在互联网络上寻径的网络设备,它用于连接多个逻辑上分开的网络,为用户提供最佳的通信路径。

4. 嵌入式计算机

嵌入式计算机是指嵌入到应用对象体系中,实现对象智能化控制的专用计算机系统。嵌入式计算机技术增长迅速,几乎应用到我们生活中的所有电器设备,如移动计算设备、电视机顶盒、数字电视、电子广告牌、数字相机、家庭自动化系统、电梯、空调、自动售货机、工业自动化仪表与医疗仪器等。

1.1.4 计算机的应用

计算机的应用领域已经渗透到社会的各行各业,正在迅速改变传统的工作、学习和生活方式。计算机的主要应用领域如下。

1. 科学计算(或称数值计算)

科学计算是计算机最早的应用领域,目前仍然是计算机应用的重要领域之一。由于计算机具有高运算速度和精度,能够解决人工无法完成的各种复杂科学计算,如高能物理、工程设计、地震预测、气象预报等。

2. 信息管理(或称数据处理)

信息管理是指对各种数据进行收集、存储、整理、分类、统计、加工、利用、传播等一系列活动的统称。目前,信息管理已广泛应用于办公自动化、企业管理、物资管理、图书管理、报表统计、信息情报检索等。许多机构纷纷建设自己的管理信息系统(MIS),生产企业也开始采用制造资源规划软件(MRP),商业流通领域则逐步使用电子信息交换系统(EDI),即所谓无纸贸易。

3. 计算机辅助技术

计算机辅助技术是指用计算机辅助进行工程设计、产品制造、性能测试等,主要包括以下几种。

(1) 计算机辅助设计(CAD):利用计算机辅助设计人员进行工程和产品设计,以实现最佳设计效果,如建筑设计、机械设计、集成电路设计等。

(2) 计算机辅助制造(CAM):利用计算机系统进行生产设备管理、控制和操作,如机械产品零件加工、电子元器件制造、机电产品质量控制等。

(3) 计算机辅助测试(CAT):利用计算机辅助进行测试,如教学测试、产品测试、软件测试等。

(4) 计算机辅助教学(CAI):利用计算机辅助进行各种教学活动,如执行部分教学内容、安排教学进程、进行教学训练等。

4. 过程控制

利用计算机自动采集工业生产过程中的某些信号,并将检测到的数据存入计算机进行处理分析,按照最优值对控制对象进行自动调节及控制。计算机过程控制已经在机械、冶金、石油、化工、纺织、水电、航天等领域得到广泛应用。

5. 人工智能

人工智能(AI),是利用计算机技术开发一些具有人类某些智力行为的应用系统,使计算机具有感知、判断、自主学习、逻辑推理和图像识别等功能。目前,人工智能在医疗诊断、智能学习系统、专家系统、机器人、语言翻译、智能检索等方面,已有显著成效。

6. 多媒体应用

使用计算机交互式综合技术和数字通信网络技术处理文本、图形、图像、视频和声音等多种媒体,使这些信息建立逻辑连接,集成为一个交互式系统。目前,多媒体技术已被广泛应用在咨询服务、图书、教育、通信、军事、金融、医疗等诸多行业,借助日益普及的高速信息网,正潜移默化地改变着人们的生活。

1.2   计算机系统组成

1.2.1   计算机系统

图 1-2-1 为计算机系统的组成结构,核心是硬件系统,是进行信息处理的实际物理装置;最外层是使用计算机的用户;在用户与硬件系统之间的接口界面是软件系统,它大致可分为系统软件和应用软件。

图 1-2-1　计算机系统的组成结构

1.2.2　计算机硬件系统组成

　　计算机硬件系统是指构成计算机的各种物理部件集合，也就是我们所看得见、摸得着的实际物理设备。如图 1-2-2 所示，计算机硬件系统的组件主要包括中央处理器、内部存储器、主板、外部存储器、输出设备、输入设备和其他设备。

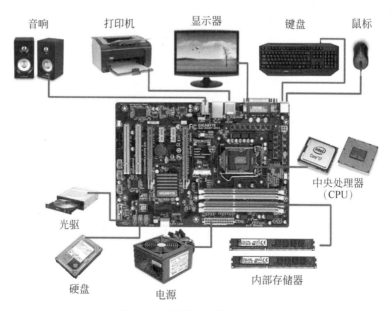

图 1-2-2　计算机硬件系统组成

(1) 中央处理器(CPU,Central Processing Unit)是一块超大规模的集成电路,是一台计算机的运算核心和控制核心。它的功能主要是解释计算机指令以及处理计算机软件中的数据。

(2) 内部存储器是用于暂时存放 CPU 中的运算数据,以及与硬盘等外部存储器交换的数据。

(3) 主板(Motherboard,Mainboard)又称主机板、系统板、母板、底板等,是计算机的主电路板,上面安装了组成计算机的主要电路系统,一般有 BIOS 芯片、I/O 控制芯片、键盘和面板控制开关接口、内存插槽、CMOS 电池、南北桥芯片、PCI 插槽等元件。

(4) 外部存储器是指除计算机内存及 CPU 缓存以外的存储器,此类存储器一般断电后仍然能保存数据。常见的外存储器有硬盘、光盘、U 盘等。

(5) 输出设备是将计算机的各种计算结果数据或信息以数字、字符、图像、声音等形式表现出来。常见的输出设备有显示器、打印机、绘图仪、音响等。

(6) 输入设备是用户向计算机输入数据和信息的设备。常见的输入设备有键盘、鼠标、摄像头、麦克风、扫描仪、手写输入板等。

(7) 其他设备是指组成计算机的其他组件,如机箱、电源、显卡、声卡、网卡等。

1.2.3　计算机软件系统组成

计算机软件系统通常被分为系统软件和应用软件两大类。

1. 系统软件

系统软件是指控制和协调计算机及外部设备,支持应用软件开发和运行的一类计算机软件,是无需用户干预的各种程序的集合。系统软件的主要功能是调度、监控和维护计算机系统;负责管理计算机系统中各种独立的硬件,使得它们可以协调工作。系统软件一般包括操作系统、编译程序、语言处理程序、数据库系统和网络管理系统等。

2. 应用软件

应用软件是指为特定领域开发、为特定目的服务的一类计算机软件。应用软件直接面向用户需要,可以直接帮助用户提高工作质量和效率,甚至可以帮助用户解决某些难题。常见的应用软件有:办公软件、多媒体软件、互联网软件、工具软件等;也有针对用户特定需要开发的实用型软件,如会计核算软件、工程预算软件和教学辅助软件等。

1.3　计算机信息的表示与存储

1.3.1　数制与数制转换

数制也称计数制,是用一组固定的符号和统一的规则来表示数值的方法。我们在日常生活中较多使用十进制,十进制共有 10 个数码,即 0、1、2、3、4、5、6、7、8、9,当表示大于 9 的数值时,采用"逢十进一"的计数规则。采用电子器件组成计算机系统易于识别"高\低"两种电平状态,计算机体系结构奠基人冯·诺依曼于 1946 年提出计算机的指令和数据存储采用二进制数制。二进制共有 2 个数码,即 0、1,当表示大于 2 的数值时,采用"逢二进一"的计数规则。

无论是十进制,还是二进制或是其他进制,在进行进制转换时都遵循一个基本原则:转换后所表达的"量"的多少不能发生改变。十进制表示的"7"个苹果与二进制表示的"111"个苹果,"量"是一样多的。十进制数与二进制数之间的转换方法如下。

1. 十进制数转换为二进制数的方法

对于十进制数的整数部分,采用"除 2 取余法"转换为二进制数,即十进制整数部分除以 2,余数为权位上的数,得到的商值继续除 2,依此步骤继续向下运算直到商为 0 为止,所得到的商的最后一位余数是所求二进制数的最高位。

例如:将十进制数 180 转换为二进制数。转换过程如图 1-3-1 所示,转换结果为:
$(180)_D = (10110100)_B$。

对于十进制数的小数部分,采用"乘 2 取整法",即十进制小数部分乘以 2,并依次取出整数部分,直至结果的小数部分为 0 为止,第一次得到的整数作为二进制小数部分的最高位。

2. 二进制数转换为十进制数的方法

二进制数采用"按权展开并相加"的方法转换为十进制数。

例如:将二进制数 10110100 转换为十进制数。转换过程如图 1-3-2 所示,转换结果为:
$(10110100)_B = (180)_D$。

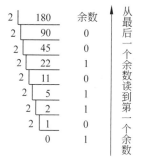

十进制数180转换为二进制数:10110100

图 1-3-1　十进制数转二进制数示例

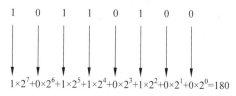

$$1\times2^7+0\times2^6+1\times2^5+1\times2^4+0\times2^3+1\times2^2+0\times2^1+0\times2^0=180$$

二进制数10110100转换为十进制数:180

图 1-3-2　二进制数转十进制数示例

1.3.2　数据的存储单位

计算机的存储单位从小到大的顺序为:bit(比特)、B(字节)、KB(千字节)、MB(兆字节)、GB(吉字节)、TB(太字节)、……。它们之间的转换关系如下。

bit(比特):存放一位二进制数,即 0 或 1,是最小的存储单位。

Byte(字节):8 个二进制位为一个字节(B),是最常用的单位。

1 Byte(B)＝8bit

1 Kilo Byte(KB)＝1024B

1 Mega Byte(MB)＝1024KB

1 Giga Byte(GB)＝1024MB

1 Tera Byte(TB)＝1024GB

1.3.3　计算机性能指标

计算机性能的好坏,不是由某项指标决定的,而是由它的系统结构、指令系统、硬件组成、软件配置等多方面的因素综合决定的。对于大多数普通用户来说,可以从以下几个指标来大体评价计算机的性能。

1. 运算速度

运算速度是衡量计算机性能的一项重要指标。计算机运算速度(平均运算速度)通常是指每秒钟所能执行的指令条数,一般用"百万条指令/秒"(MIPS,Million Instruction Per Second)来描述。

2. 字长

计算机在同一时间内处理一组二进制数的位数称作"字长"。在其他指标相同时,字长越大,计算机处理数据的速度就越快。目前,我们使用的微型计算机字长一般为32位或64位。

3. 主频

CPU 的主频,即 CPU 内核工作的时钟频率(CPU Clock Speed),是指 CPU 内数字脉冲信号震荡的速度。主频单位是 Hz。主频并不直接代表运算速度,但提高主频对于提高CPU 运算速度却是至关重要的。

4. 内存储器容量

内存储器,也简称内存,是 CPU 可以直接访问的存储器,需要执行的程序与处理的数据存放在内存中。内存储器容量的大小反映了计算机即时存储信息的能力。内存容量越大,系统功能就越强大,能处理的数据量就越庞大。

5. 外存储器容量

外存储器容量通常是指硬盘容量。外存储器容量越大,可存储的信息就越多,可安装的应用软件就越丰富。目前的主流硬盘容量为 500GB～2TB。

1.4　本章任务

1.4.1　任务 1——数制转换

1. 任务描述

通过操作"计算器"应用软件,实现不同数制及数制转换。要求在掌握 1.3.1 节知识基础上完成本任务。

2. 任务实现

操作步骤如下。

步骤 1：在计算机的"开始"菜单中，按照拼音顺序找到"计算器"应用软件，单击打开此软件。

步骤 2：在"计算器"应用软件左上角的下拉菜单中，单击"程序员"选项，切换为"程序员"计算器界面。

步骤 3：在"程序员"计算器界面中，进行不同数制的转换，如图 1-4-1 所示。例如，1.3.1 节中的十进制数"180"与二进制数"10110100"的转换。

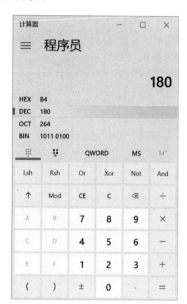

图 1-4-1　"计算器"软件界面

1.4.2　任务 2——查看硬盘容量

1. 任务描述

通过查看本机的硬盘容量大小，了解计算机数据的存储单位。要求在掌握 1.3.2 节知识基础上完成本任务。

2. 任务实现

操作步骤如下。

步骤 1：找到计算机"桌面"上的"此电脑"图标，在图标处双击鼠标左键，打开"此电脑"窗口。

步骤 2：如图 1-4-2 所示，查看窗口中的"设备和驱动器"中包含的本地磁盘数量以及每个磁盘分区的总容量和可用容量。

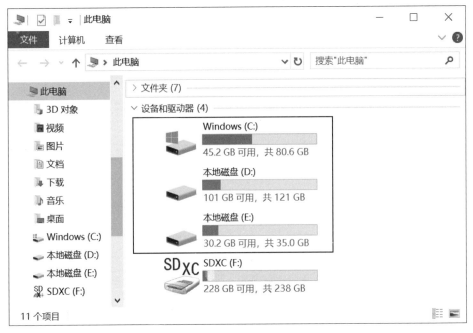

图 1-4-2   "此电脑"窗口

1.4.3   任务 3——查看计算机性能指标

1. 任务描述

通过查看计算机 CPU 处理器型号、主频、内存储器容量、字长等主要性能指标,掌握计算机性能指标的概念和查看方法。要求在掌握 1.3.3 节知识基础上完成本任务。

2. 任务实现

操作步骤如下。

步骤 1:找到计算机"桌面"上的"此电脑"图标,在图标处单击鼠标右键,弹出一个快捷菜单,如图 1-4-3 所示。

图 1-4-3   "此电脑"快捷菜单

　　步骤 2：选择快捷菜单中的"属性"选项，单击此选项，打开"系统"窗口，如图 1-4-4 所示。

图 1-4-4　"系统"窗口

　　步骤 3：在窗口的"系统"信息栏中，查看"计算机 CPU 处理器型号及主频、内存储器容量、字长"信息。

第 2 章　Windows 10 操作系统

2.1　操作系统概述

操作系统是管理计算机硬件与软件资源的计算机程序,同时也是计算机系统的内核与基石。操作系统需要处理内存配置与管理、系统资源供需的优先次序、输入设备与输出设备控制、网络与管理文件系统操作等基本事务。操作系统也为用户提供了与系统交互的操作界面。

2.1.1　常见的操作系统

1. Windows 系统

Windows 系统是由美国微软公司开发的一款操作系统,比早期的指令操作系统更具人性化。可以说,Windows 系统是世界上使用人数最多的计算机操作系统。目前,Windows 系统的主要应用版本有 Windows XP、Windows 7、Windows 8、Windows 10 等。

2. Unix 系统

Unix 系统诞生于 1969 年,最早用于中小型计算机中,是一种多用户、多进程的计算机操作系统,支持多种处理器架构,属于分时操作系统。Unix 系统操作界面非常灵活,可以同时运行多个进程,并且支持用户之间的数据共享。除此之外,Unix 系统支持模块安装,安装 Unix 系统时可根据需要进行选择性安装,例如 Unix 系统支持大量的编程开发工具,若是不需要编程开发,可以只需安装最少的编译器。

3. Mac OS

Mac OS 是美国苹果公司开发的操作系统,目前广泛应用于苹果笔记本计算机当中,现在这款系统已经开始慢慢被人们所接受,它的许多特点和服务都体现了苹果公司的理念。Mac OS 图形用户界面独特,突出了形象的图标和人机对话,在印刷、影视、教育等领域有着广泛的应用。

4. Linux 系统

Linux 系统是一套可以免费使用和自由传播的类 Unix 操作系统。与其他操作系统相比,Linux 系统的开放源码使得用户可以自由裁剪、灵活性高、功能强大、成本低,它广泛应用于计算机、平板电脑、手机、视频游戏机以及超级计算机等各种电子设备中。Linux 系统性能非常优秀,全球最快的 10 台超级计算机都是采用 Linux 系统,Linux 也被誉为一个全球最稳定、拥有广阔发展前景的操作系统。

2.1.2 操作系统的功能

在计算机操作系统中,通常都设有处理器管理、存储器管理、设备管理、文件管理、作业管理等功能模块,它们相互配合,共同完成操作系统既定的全部职能。

1. 处理器管理

处理器是计算机中的核心资源,所有程序的运行都要通过它来完成。处理器管理是操作系统最核心的部分,主要完成的功能包括:对处理器的时间进行分配,对不同程序的运行进行记录和调度,实现用户和程序之间的相互联系,解决不同程序在运行时的相互冲突。处理器的管理方法决定了整个系统的运行能力和质量,代表着操作系统设计者的设计理念。

2. 存储器管理

存储器用来存放用户的程序和数据,存储器管理主要是指针对内存储器的管理,主要任务包括:分配内存空间,保证各作业占用的存储空间不发生矛盾,并使各作业在自己所属存储区中不互相干扰。

3. 设备管理

计算机主机连接着各类外部设备,如输入输出设备、存储设备,设备管理负责各类外部设备的分配、启动和故障处理等。主要任务包括:当用户使用外部设备时,必须提出要求,待操作系统进行统一分配后方可使用;当用户的程序运行到要使用某外部设备时,由操作系统负责驱动;操作系统还对各种外部设备的信息进行记录、修改,处理外部设备的中断请求。

4. 文件管理

文件管理是指操作系统对信息资源的管理。在操作系统中,将负责存取和管理信息的部分称为文件系统。文件是在逻辑上具有完整意义的一组相关信息的有序集合,每个文件都有一个文件名。文件管理支持文件的存储、检索和修改等操作以及文件的保护功能。操作系统一般都提供功能较强的文件系统,有的还提供数据库系统来实现信息的管理工作。

5. 作业管理

每个用户请求计算机系统完成的一个独立的操作称为作业。作业管理包括作业的输入和输出、作业的调度与控制。

2.1.3 Windows 操作系统的发展

美国微软公司开发的 Windows 操作系统是最常见的计算机操作系统。该系统从 1985 年诞生到现在,经过多年的发展完善,已经成为当前个人计算机的主流操作系统。Windows 操作系统具有人机操作互动性好、支持应用软件多、硬件适配性强等特点,目前推出的 Windows 10 系统相当成熟。表 2-1-1 回顾了 Windows 操作系统的系列版本。

表 2-1-1　Windows 操作系统的系列版本

名　称	发布时间	简　述
Windows 1.0	1985 年	微软公司第一次对 PC 操作平台进行用户图形界面的尝试,推出了 Windows 1.0,用户可以通过单击鼠标完成大部分的操作。在 Windows 1.0 中出现了控制面板,对驱动程序、虚拟内存有了明确的定义,不过功能非常有限
Windows 2.0	1987 年	Windows 2.0 是一个基于 MS-DOS 操作系统、看起来像 Mac OS 系统的 Windows 版本。在 Windows 2.0 中,用户不但可以缩放窗口,而且可以在桌面上同时显示多个窗口。Windows 2.0 的一个重大突破是跳出了 640K 基地址内存的束缚,更多的内存可以充分发挥 Windows 的优势
Windows 3.0	1990 年	Windows 3.0 在界面、人性化、内存管理等多方面进行了巨大改进,获得用户的认可。为命令行式操作系统编写的 MS-DOS 下的程序可以在窗口中运行,使得程序可以在多任务基础上使用
Windows 95	1995 年	Windows 95 是之前独立的操作系统 MS-DOS 和 Windows 产品的直接后续版本。Windows 95 具有更强大、更稳定、更实用的桌面图形用户界面,同时也结束了桌面操作系统间的竞争
Windows 98	1998 年	Windows 98 是混合 16 位/32 位的 Windows 系统,它改良了硬件标准的支持,例如 MMX 和 AGP。其他特性主要包括:支持 FAT32 文件系统、多显示器和 WebTV,其最大特点就是将 Internet Explorer 浏览器技术整合到 Windows 中,从而更好地满足用户访问 Internet 资源的需要
Windows 98 SE	1999 年	Windows 98 SE(第二版)包括一系列改进,如 Internet Explorer 5、Windows Netmeeting 3、Internet Connection Sharing,以及对 DVD-ROM 和 USB 的支持。另外 Windows 98 SE 的核心部分增强了影音流媒体接收能力,以及对 5.1 声道的支持
Windows Me	2000 年	Windows Me(Windows Millennium Edition)是最后一个基于 DOS 的混合 16 位/32 位 Windows 系统,其内核版本号为 NT4.9。Windows Me 中的 Me 有两个含义,Me 的全称 Millennium Edition 是千禧特别版,以纪念新世纪;另外 Me 是在英文中意为自己,故 Me 还可指个人版
Windows XP	2001 年	Windows XP 有家庭版、专业版、媒体中心版等多个版本,是微软面向消费者且使用 Windows NT 架构的操作系统。2014 年 4 月 8 日,微软终止对该系统的技术支持,但仍在一些重大计算机安全事件中对该系统发布了补丁
Windows 7	2009 年	Windows 7 操作系统拥有全新设计的系统界面、绚丽的 Aero 特效、极好的稳定性与安全性。为了适应桌面版个人用户的不同需求,微软把 Windows 7 分成了不同的版本,如家庭基本版、家庭高级版、专业版、企业版、旗舰版,用户可以根据自己的需求来选择一个合适的版本
Windows 8	2012 年	Windows 8 抛弃了 Aero 磨砂玻璃界面和"开始"菜单。同时,为了适应触摸屏,采用了扁平化的 Metro 界面。由于在界面上的进化幅度过大,造成了 Windows 传统用户的不适应,导致 Windows 8 的市场占有率长期不高
Windows 10	2015 年	Windows 10 是可应用于计算机和平板计算机的操作系统。它在易用性和安全性方面有了极大的提升,除了针对云服务、智能移动设备、自然人机交互等新技术进行融合外,还对固态硬盘、生物识别、高分辨率屏幕等硬件进行了优化完善与支持

2.2　初识 Windows 10

2.2.1　启动与退出

1. 开机启动 Windows 10

如果操作一个台式计算机,先分别打开主机电源开关和显示器电源开关,启动 Windows 10 操作系统,进行设备的初始化及自检等工作。如果用户设置了个人账户,则需要选择账户名并输入正确密码,继续完成启动。启动过程完成后,出现了 Windows 10 桌面。

2. 退出 Windows 10 并关闭计算机

退出 Windows 10 并关闭计算机时,必须遵照正确的步骤,而不能在 Windows 10 仍在运行时直接关闭计算机的主机电源,这可能导致数据和处理信息丢失,严重时可能造成系统损坏。正确退出 Windows 10 并关闭计算机的步骤如下。

(1) 关闭所有运行着的应用程序。

(2) 单击桌面左下角开始按钮■,打开开始菜单,选择关机按钮○,弹出一个菜单,包括三个选项,分别是"睡眠""关机"和"重启"。

- 选择"睡眠"选项,计算机进入休眠状态,在此状态下将关机以节省电能,但会将内存中所有内容全部存储在硬盘上,当重新操作计算机时,桌面将恢复为睡眠前的状态。
- 选择"关机"选项,即可退出 Windows 10 并关闭计算机。当关闭计算机时,如果打开的文件还未来得及保存,系统会弹出一个对话框,提示用户尚有未关闭的程序。选择"取消"按钮表示不退出 Windows 10,选择"仍要关机"按钮,则继续退出 Windows 10 并关闭计算机。
- 选择"重启"选项,将重新启动计算机。

(3) 关闭计算机后,自动切断主机电源,用户还需手动关闭显示器电源。

2.2.2　桌面

启动 Windows 10 后看到的界面称为"桌面",即屏幕工作区,包括桌面图标、桌面背景、任务栏等组成元素,如图 2-2-1 所示。

1. 桌面快捷菜单

在桌面的空白处单击鼠标右键,可弹出桌面的快捷菜单。快捷菜单中的"查看""排列方式""刷新"选项可以对桌面图标进行设置和刷新。"新建"选项可以实现在桌面上新建文件夹和不同类型的文件。"显示设置"可以对桌面显示效果进行设置。"个性化"选项可以实现对桌面背景、颜色、主题、字体等进行设置。

2. 桌面背景及其设置

桌面背景是指显示器屏幕上的主体部分显示的图像背景。通过选择桌面快捷菜单中的

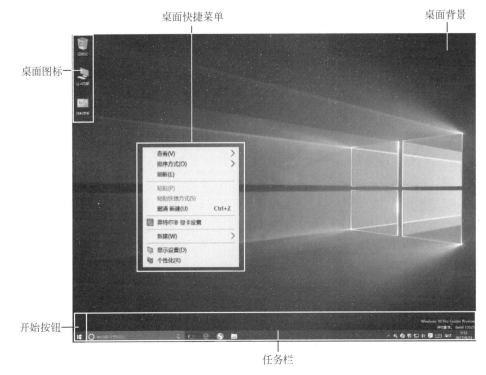

图 2-2-1　桌面

"个性化"选项打开一个设置对话框,如图 2-2-2 所示。在对话框左侧,列出了可以进行个性化设置的内容,包括:背景、颜色、锁屏界面、主题、字体、开始、任务栏。选择不同的设置内容,对话框右侧显示相应的设置选项。

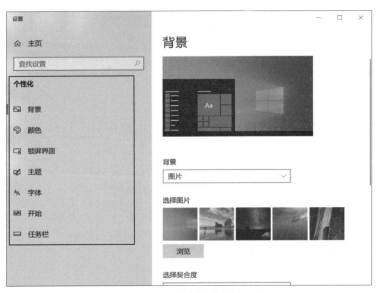

图 2-2-2　"个体化"设置

3. 桌面图标及其设置

图标是 Windows 10 中各种对象的图形标识,用户通过桌面和窗口中的图标对程序、驱动器、文件、文件夹等对象进行操作。桌面图标包括以下三类图标。

- 系统图标:安装完 Windows 10 自动生成的图标,如"计算机""回收站"等,可通过"个性化"设置对话框选择显示哪些系统图标。在桌面上空白的位置处单击鼠标右键,在弹出的快捷键菜单中选择"个性化"选项。如图 2-2-3 所示,在"个性化"设置对话框中,选择"主题"选项,在右侧桌面主题设置内容中包括了"桌面图标设置",选择该选项,打开"桌面图标设置"对话框。在"桌面图标"栏中,包括了"计算机""回收站""用户的文件""控制面板"和"网络",用户可选择哪些图标出现在桌面左上角区域内。

图 2-2-3　桌面图标设置

- 普通图标:保存在桌面上的文件或文件夹。
- 快捷图标:应用程序、文件或文件夹的快捷启动方式,图标左下角有箭头标志。删除了快捷方式后还可以在计算机中找到目标程序,去运行它。而当程序或文件被删除后,只有一个快捷方式是毫无用处的。

桌面底部的开始菜单和任务栏涉及的内容较多,将在后续小节中进行详细介绍。

2.2.3　开始菜单

单击桌面左下角的开始按钮 ⊞ ,启动开始菜单,如图 2-2-4 所示。开始菜单是 Windows 10 操作系统中图形用户界面的重要组成部分,是操作系统的中央控制区域,可以由此启动程序,找到所有的功能设置项,如打开"设置窗口""设备和打印机"等系统文件夹。单击一次"开始"按钮或按下键盘上的 Windows 键(在 Ctrl 键和 Alt 键之间),可以切换启动和取消"开始"菜单两种状态。

图 2-2-4   开始菜单

在 Windows 10 中,开始菜单以全新的面貌重新出现,用户可以通过自己的使用习惯选择使用"开始菜单"还是"开始屏幕"。在开始菜单中,除了传统的菜单项目之外,右侧还多了几行磁贴,可以方便进入一些常用的应用。如果要增加磁贴,只需在开始菜单相应的项目上单击右键,然后选择"固定到开始屏幕",就会为这一项目生成磁贴,如图 2-2-4 所示的快捷菜单①。如果要删除磁贴,只需在磁贴上单击右键,选择"从开始屏幕取消固定"即可,如图 2-2-4所示的快捷菜单②。

如图 2-2-4 中的③所示,在开始菜单左侧包括了若干快捷按钮。最上面的按钮为当前用户账户,单击此按钮将弹出一个快捷菜单,能够更改账户设置、锁定和注销当前账户。下面三个按钮可以依次打开"我的文档"窗口、"我的图片"窗口、Windows 设置窗口。"我的文档"和"我的图片"是 Windows 10 预先生成的子文件夹,除此以外还包括"我的音乐""我的视频""我的下载",其路径为"操作系统所在盘符\用户\用户名"。如图 2-2-5 所示,Windows 设置窗口的功能与控制面板的功能基本一致,只是窗口界面风格不同,目前二者均可使用,可以兼顾不同用户的使用习惯。最下面按钮为关机按钮,详见 2.2.1 节相关内容介绍。

在任务栏空白处单击鼠标右键,在弹出的快捷菜单中选择"任务栏设置"选项,打开"个性化"设置窗口,选择左侧列表中的"开始",窗口右侧显示开始菜单设置选项,如图 2-2-6 所示。用户可以按照自己的使用习惯和需求,设置个性化开始菜单。

图 2-2-5　Windows 设置窗口

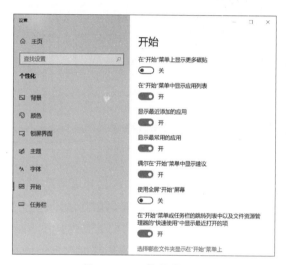

图 2-2-6　开始菜单设置

2.2.4　任务栏

任务栏一般位于桌面的底部,若任务栏自动隐藏起来,当鼠标移到桌面最下端时,它会重新出现。任务栏的最左边是"开始"按钮,然后从左到右依次是"搜索框""Cortana""任务视图""快速启动区""活动任务区"和"系统区",如图 2-2-7 所示。

- 搜索框:任务栏的搜索框可以为用户提供多种类型的查找。单击搜索框,可在光标处直接输入要查找的内容,同时也会打开一个分类搜索窗口,如图 2-2-8 所示。如果需要隐藏搜索框,也可在任务栏空白处单击鼠标右键,在弹出的快捷菜单中设置隐藏搜索框。

图 2-2-7　任务栏

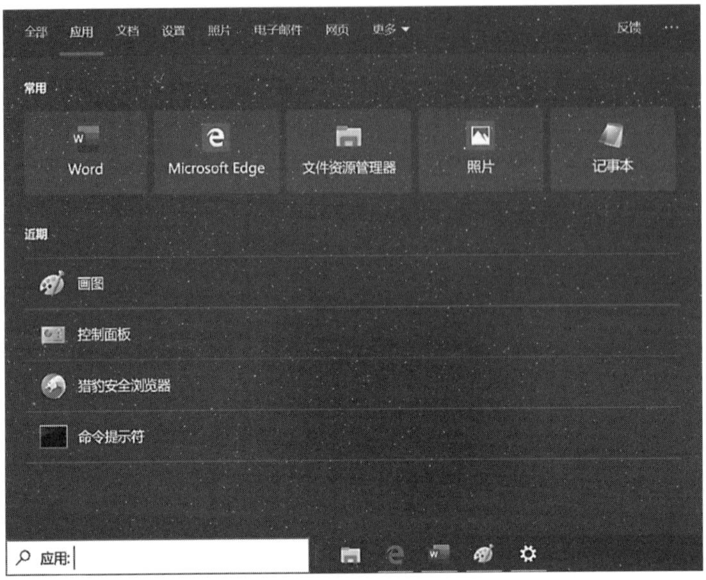

图 2-2-8　任务栏的搜索框

- 快速启动区：任务栏的"快速启动区"一般默认放置了 Windows 文件资源管理器和
  浏览器 Microsoft Edge，用户也可根据需要添加其他图标，实现快速启动相应程序。
- 活动任务区：任务栏的"活动任务区"显示着当前所有运行的应用程序、所有打开的
  文件夹窗口和文件。需要注意的是，如果应用程序所对应的图标已包括在"快速启动
  区"中，则其不在"活动任务区"中出现。此外，用相同应用程序打开的所有文件只对
  应一个图标，这样可以节省任务栏空间。
- 系统区：任务栏的"系统区"主要包括了输入法语言栏、系统开机状态下常驻内存项
  目状态，如杀毒软件、系统时钟、网络、声音等。双击时钟显示区将出现日期/时间设
  置窗口，可以浏览系统的日期和时间。移动光标指向系统区的最右侧，单击可以回到
  桌面，再次单击返回当前状态。
- 新增功能：任务栏中新增了"Cortana""任务视图""人脉""WindowsInk 工作区"和
  "触摸键盘"按钮。其中，"Cortana"是 Windows 10 自带的一款人工智能助手软件，
  可通过语言交换为用户提供服务；"任务视图"支持新建多个桌面，用户可以在多个桌
  面间进行快速切换，以实现快速打开和关闭应用；"WindowsInk 工作区"提供了手写
  板和全屏截图功能。如果对这些新增功能按钮不习惯，也可将其隐藏。在任务栏空
  白的地方单击鼠标右键，弹出快捷菜单，如图 2-2-9 所示，取消这些功能按钮选项前

面的勾选状态。

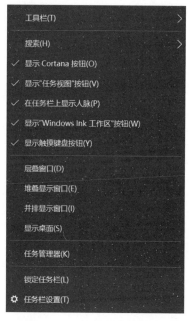

图 2-2-9　任务栏快捷菜单

在任务栏快捷菜单中选择"任务栏设置"选项,打开"个性化"设置窗口,选择左侧列表中的"任务栏",窗口右侧显示任务栏设置,如图 2-2-10 所示。用户可以按照自己的使用习惯和需求,设置个性化任务栏,如任务栏的自动隐藏、任务栏在屏幕上的位置等。

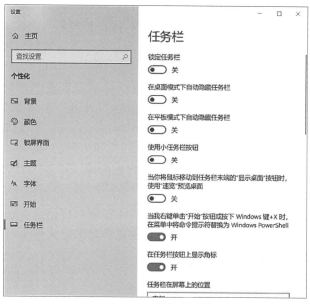

图 2-2-10　任务栏设置

2.2.5　窗口与对话框

窗口是 Windows 10 中用于查看文档、设置系统功能的用户交互界面,几乎所有的操作都是在窗口中完成的。对话框是一种特殊的窗口,向用户显示信息或在需要的时候获得用户的输入响应。

1. 窗口

在 Windows 10 中,大部分窗口如图 2-2-11 所示,由以下几个主要部分组成。

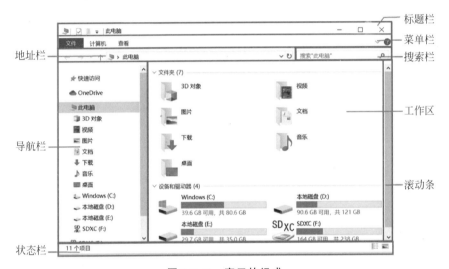

图 2-2-11　窗口的组成

（1）标题栏:位于窗口顶部,显示窗口的标题,拖动标题栏可改变窗口位置,双击标题栏可以在窗口最大化和还原窗口两种状态之间进行切换。多数窗口标题栏的左侧有控制菜单按钮和快速访问工具栏,右侧有最小化、最大化和关闭三个按钮。

（2）菜单栏:位于标题栏下方,包含了当前窗口进行设置操作的所有菜单项。不同功能窗口的菜单栏通常具有不同的菜单项,但一般都有一些共性的菜单项,如"文件""主页""查看""帮助"等。单击菜单栏中的一个菜单项,会打开相应的子菜单,列出其包含的各种命令选项。

（3）地址栏:显示当前窗口文件在系统中的存储位置。

（4）搜索栏:用于快速搜索计算机中的文件。

（5）导航栏:位于窗口左侧,列出了系统的整体存储结构以及当前窗口文件所在的存储位置。在导航栏中,显示了 Windows 10 预先生成的若干子文件夹,如"下载""桌面""文档""图片"等,可以实现快速访问这些文件夹。

（6）工作区:是窗口中的主要工作区域,显示当前窗口文件夹所包含的文件,或者功能设置窗口所包含的设置选项。

（7）状态栏:位于窗口底部,显示一些与当前窗口操作有关的提示信息。

（8）滚动条：当窗口内容不能全部显示时，在窗口工作区的右侧或底部出现的条框称为滚动条。通过拖动滚动条的滑块，可以显示出当前可见内容在整体内容中的位置。

Windows 10 桌面上可以同时打开若干个窗口，但活动窗口只有一个，将非活动窗口切换为活动窗口的操作方法有多种，分别如下。

（1）利用任务栏：所有打开的应用程序或文件夹窗口在任务栏均有对应的按钮，通过单击按钮，可以将对应的应用程序或窗口激活为活动窗口。

（2）单击非活动窗口的任何部分：如果活动窗口未最大化，可以看到要激活的非活动窗口，可以通过这种方法实现在不同窗口之间的切换。

（3）利用 Alt＋Tab 组合键：按下 Alt＋Tab 组合键时，屏幕中间位置会出现一个矩形区域，显示着所有打开的应用程序和文件夹的窗口预览（包括处于最小化状态），如图 2-2-12 所示。按住 Alt 键不动并反复按 Tab 键，矩形区域中的窗口预览会被轮流选中。在要选择的窗口选中时，松开 Alt 键，对应的应用程序或窗口成为活动窗口。

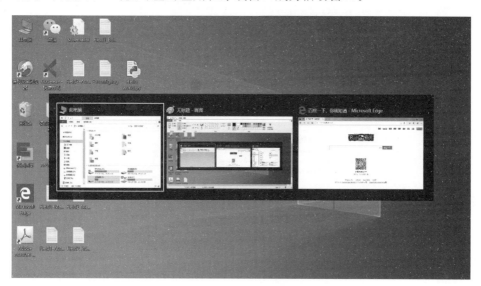

图 2-2-12　Alt＋Tab 组合键切换窗口操作

桌面在同时打开若干个窗口时，如果需要，可以层叠、堆叠或平铺这些窗口。在任务栏空白的地方单击鼠标右键，弹出快捷菜单（图 2-2-9），可选择不同的窗口排列方式。

- 层叠窗口：以层叠的方式排列窗口。
- 堆叠显示窗口：以横向的方式同时在屏幕上显示几个窗口。
- 并排显示窗口：以垂直的方式同时在屏幕上显示几个窗口。

2. 对话框

从操作系统实现角度看，对话框是一种特殊的窗口，特殊之处在于对话框会包含一些控件，如按钮、编辑框、下拉列表框等，这些控件用来与用户进行交互。对话框主要包括了以下常见的控件类型。

（1）单选框：只能选择其中一个选项。

（2）复选框：可以选择一项、多项或全部，也可以不选。

（3）列表框：在控件矩形区域内列出多个选项，可根据需要选择其中一项。

（4）下拉式列表框：由一个列表框和一个箭头按钮组成，单击按钮打开可选的列表。

（5）选项卡：在有限的对话框空间内分类显示更多内容。

（6）文本框：提供给用户输入信息。

（7）命令按钮：单击，可执行命令按钮上显示的命令。

典型的对话框实例如图 2-2-13 所示，其中包括了多种对话框控件。在对话框的各个控件之间进行选择、设置或输入过程中，可以通过单击鼠标左键进行选择，也可以通过键盘上的按键组合进行选择。

图 2-2-13　典型的对话框实例

（1）Tab 键：在打开的对话框中，按下 Tab 键可以按照自上而下的显示顺序选择不同的控件，使各个控件依次获得输入焦点。

（2）Shift＋Tab 组合键：按下 Shift＋Tab 组合键，则按照相反的选择顺序，使各个控件依次获得输入焦点。

2.2.6　剪贴板

Windows 10 的应用程序之间可以通过多种方式传递信息，而剪贴板是实现信息传递与共享的重要媒介之一。剪贴板实际上是 Windows 10 在内存中开辟的一块临时存放传递信息的区域，只要 Windows 10 处于运行中，剪贴板就处于工作状态。

当用户需要在不同应用程序或文档间传递信息时，不需要预先运行任何程序，只需在

"原始信息"所在的窗口中选定准备传递的信息,执行菜单项中的"剪切"(Ctrl＋X)或"复制"(Ctrl＋C)命令,被选定的信息就会被放在剪贴板中;然后在打开的"目标位置"处,执行"粘贴"(Ctrl＋V)命令,就可以将剪贴板中的信息粘贴到插入点位置。

　　如果要对某个活动窗口进行截图,可按下 Alt＋PrintScreen 组合键,即以图片格式将窗口复制到剪贴板中。如果要对当前屏幕的画面进行截图,只按下 PrintScreen 键,则屏幕画面以图片格式复制到剪贴板中。完成截图操作后,可在支持图形显示和存储的应用程序中编辑图片,如 Windows 10 附件中的画图软件。

　　在 Windows 10 中,可以对剪贴板进行设置,依次单击"开始"菜单→"设置"→"系统",在窗口左侧选择"剪贴板"选项,则右侧区域将显示剪贴板功能设置选项,如图 2-2-14 所示。在剪贴板设置中包括启用剪贴板历史记录、跨设备同步、清除剪贴板数据等,使 Windows 10 剪贴板的功能更加强大。

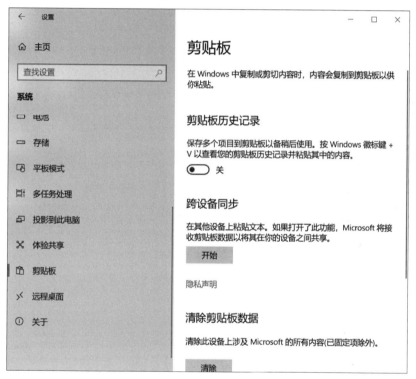

图 2-2-14　剪贴板设置窗口

2.3　文件管理

　　文件是用户赋予了名字并以磁盘为载体存储在计算机上的信息集合。文件可以是文本文档、图片、声音、视频或程序等。打开一个文件时,其所关联的应用程序会自动启动,将该文件的内容由磁盘调入内存,并展现于应用程序窗口中。

　　文件夹是操作系统组织和管理文件的一种形式,旨在方便用户查找、维护和存储具有某种联系的文件和文件夹。每个文件夹中可以创建任意数量的文件和子文件夹。

　　文件路径是指用户在磁盘中查找文件时,所历经的文件夹线路。文件路径分为绝对路径和相对路径。绝对路径是指完整的描述文件存储位置的路径,通常是从盘符开始,由一系列连续的目录组成,中间用"\"分隔,直到指定的目标文件位置的路径;相对路径是指从当前文件夹所在的路径引起的跟其他文件(或文件夹)的路径关系。如图 2-3-1 所示,可以在窗口的地址栏中单击鼠标左键,查看当前文件夹的绝对路径。

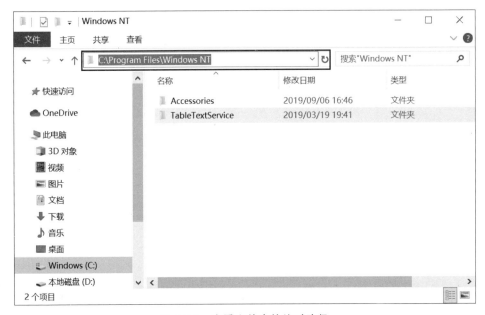

图 2-3-1　查看文件夹的绝对路径

2.3.1　创建文件和文件夹

1. 新建文件

新建文件的方法如下。

　　(1)启动应用程序后,一般通过该应用程序"文件"菜单中的"新建"命令创建一个它所支持的文件类型。这是最普遍使用的新建文件方法。

　　(2)在桌面或任意一个文件夹中新建文件。在桌面或文件夹的空白处单击鼠标右键,弹出一个快捷菜单,如图 2-3-2 所示。选择其中的"新建"选项,弹出下一级菜单,在其中选择要创建哪类应用程序的文件。这种方法存在一定弊端,即在弹出的快捷菜单中不支持创建全部类型的应用程序,只有一些较为常见的文件类型,如 Word 文件、文本文件、压缩文件等。

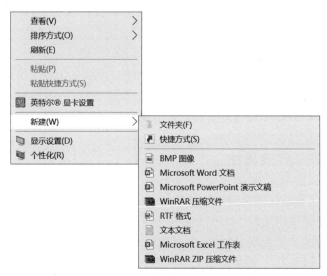

图 2-3-2　新建文件和文件夹的快捷菜单

新建文件时,系统会给出一个默认的文件名,但通常情况下,用户最好自己命名文件,以便更好地识别和管理文件。文件名由文件主名和扩展名两部分组成,它们之间用“.”隔开,如图 2-3-3 所示。

（1）文件主名：应该是具有意义的词汇、符号或数字组合,用户通过自己定义文件名,方便对文件进行管理。

×××××××××××××. ×××
文件主名　　　　　　扩展名

图 2-3-3　文件名

（2）扩展名：扩展名是文件名的一部分,用来识别文件类型。

对 Windows 10 文件命名时,需要注意如下规则。

（1）在文件名或文件夹名中,最多可以使用 255 个字符。其中包含驱动器和完整路径信息,因此用户实际使用的字符数小于 255。

（2）组成文件名或文件夹名的字符可以是汉字、英文字母、数字及符号,文件名或文件夹名中允许使用空格,但不能使用以下字符：\、/、:、*、?、”、<、>、|。

（3）文件名或文件夹名中不区分英文字母大小写。

（4）文件名或文件夹名中可以使用多个分隔符,如“我的项目.我的文件.01”。

（5）同一文件夹下不允许两个文件名完全相同。

2. 新建文件夹

在桌面或任意一个文件夹窗口的空白处单击鼠标右键,弹出一个快捷菜单,如图 2-3-2 所示。选择其中的“新建”选项,弹出下一级菜单,在其中选择“文件夹”选项,则在桌面或当前文件夹窗口创建了一个文件夹,它的默认名称为“新建文件夹”并且处于可编辑状态,用户可通过键盘修改新建文件夹的名称后按“回车”键（Enter 键）确认。

3. 重命名文件或文件夹

在需要重命名的文件或文件夹上单击鼠标右键,在弹出快捷菜单中选择“重命名”选项,则文件或文件夹图标对应的名称进入可编辑状态,输入新的名称后按"回车"键(Enter 键)确认。

4. 创建文件或文件夹快捷方式

在需要创建快捷方式的文件或文件夹上单击鼠标右键,在弹出的快捷菜单中选择"创建快捷方式"选项,则在当前窗口中创建了一个同名的快捷方式图标。快捷方式可以实现对文件和文件的快速访问,用户可根据需要将创建的快捷方式移动到桌面或其他文件夹下。

2.3.2　设置文件或文件夹属性

用户如果需要查看和设置文件或文件夹的相关属性,可以在文件或文件夹上单击鼠标右键,在弹出的快捷菜单中选择"属性"选项,打开属性对话框。如图 2-3-4 所示,文件的常规属性包括:文件名、文件类型、打开方式、(存储)位置、(文件)大小、占用空间、创建、修改和访问时间、(文件)属性等。属性又分为两种类型。

(1)只读:将文件设置只读属性后可防止文件被修改。

(2)隐藏:将文件设置隐藏属性后,当文件夹选项设置为不显示隐藏文件时,这些具有隐藏属性的文件将不出现在桌面或文件夹窗口中。

文件夹的属性设置如图 2-3-5 所示,所包含的常规属性与文件属性类似,不再赘述。

图 2-3-4　文件属性对话框　　　　　图 2-3-5　文件夹属性对话框

2.3.3　文件夹选项

文件夹窗口的显示和操作可通过"文件夹选项"进行设置,如图 2-3-6 所示,在文件夹窗口中选择"查看"选项卡。在"显示/隐藏"组中可以对文件扩展名、隐藏的项目、项目复选框的显示或隐藏进行设置。如果要了解更多关于文件夹选项的设置,单击"选项"按钮,打开"文件夹选项"对话框。

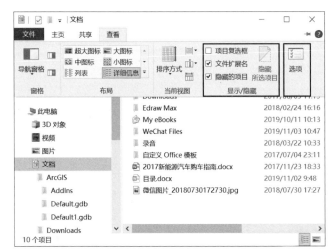

图 2-3-6　文件夹选项

2.3.4　选择文件及文件夹

1. 选择一个文件或文件夹
在待选的文件或文件夹图标上,单击鼠标左键即可,选中的文件或文件夹高亮显示。
2. 选择多个连续文件或文件夹
(1)在第一个或最后一个待选的文件或文件夹图标外侧空白处,按住鼠标左键,然后拖动出一个虚线框,将所有待选的文件及文件夹框在虚框中,松开鼠标左键,选中的所有文件或文件夹高亮显示。
(2)单击选中第一个待选的文件或文件夹图标后,按住 Shift 键,同时单击选中最后一个待选的文件或文件夹即可。
3. 选择多个不连续的文件或文件夹
按住 Ctrl 键,用鼠标依次单击每一个待选的文件或文件夹即可,如图 2-3-7 所示。

图 2-3-7　选择多个不连续文件或文件夹

2.3.5　移动、复制文件及文件夹

1. 移动文件或文件夹

移动文件或文件夹可以采用以下任意一种方法。

（1）通过文件夹窗口"主页"菜单中的"移动到"选项。如图 2-3-8 所示，在文件夹窗口中选中待移动的文件或文件夹，单击"主页"菜单中的"移动到"命令，在弹出菜单的底部选中"选择位置…"选项，弹出"移动项目"对话框，如图 2-3-9 所示，在其中选择移动后的目标位置文件夹。

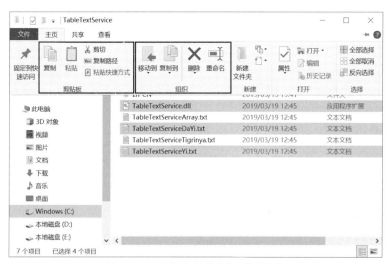

图 2-3-8　文件或文件夹"主页"菜单

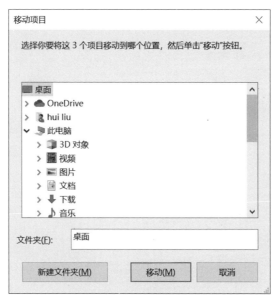

图 2-3-9　"移动项目"对话框

（2）通过文件夹窗口"主页"菜单中的"剪切"和"粘贴"选项的配合使用。在文件夹窗口中，选中待移动的文件或文件夹，单击"主页"菜单中的"剪切"命令。执行了剪切命令后，被选中文件或文件夹的图标色彩将略显暗淡。然后，打开移动后的目标位置文件夹窗口，单击"主页"菜单中的"粘贴"命令，即可实现移动文件或文件夹。

上述操作也可通过单击鼠标右键，在弹出的快捷菜单中选择"剪切"及"粘贴"选项实现。

（3）利用快捷键。在文件夹窗口中，选中待移动的文件或文件夹，按下 Ctrl＋X 组合键执行"剪切"命令。然后，打开移动后的目标位置文件夹窗口，按下 Ctrl＋V 组合键执行"粘贴"命令。

（4）鼠标拖动法。在同一个文件夹窗口、桌面与文件夹窗口之间移动文件或文件夹时，可通过鼠标拖动实现文件或文件夹从源位置到目标位置的移动。

2. 复制文件或文件夹

复制文件或文件夹可以采用以下任意一种方法。

（1）通过文件夹窗口"主页"菜单中的"复制到"选项。如图 2-3-8 所示，在文件夹窗口中，选中待复制的文件或文件夹，单击"主页"菜单中的"复制到"命令，在弹出菜单的底部选中"选择位置..."选项，弹出"复制项目"对话框，如图 2-3-10 所示，在其中选择复制到的目标位置文件夹。

（2）通过文件夹窗口"主页"菜单中的"复制"和"粘贴"选项的配合使用。在文件夹窗口中，选中待复制的文件或文件夹，单击"主页"菜单中的"复制"命令。然后，打开复制到的目标位置文件夹窗口，单击"主页"菜单中的"粘贴"命令，即可实现文件或文件夹的复制。

上述操作也可单击鼠标右键，在弹出的快捷菜单中选择"复制"及"粘贴"选项实现。

（3）利用快捷键。在文件夹窗口中，选中待复制的文件或文件夹，按下 Ctrl＋C 组合键

图 2-3-10   "复制项目"对话框

执行"复制"命令。然后,打开复制到的目标位置文件夹窗口,按下 Ctrl＋V 组合键执行"粘贴"命令。

（4）鼠标拖动法。在同一个文件夹窗口、桌面与文件夹窗口之间复制文件或文件夹时,按下 Ctrl 键,同时通过鼠标拖动实现文件或文件夹从源位置到目标位置的复制。

（5）向 U 盘等移动存储设备中复制文件或文件夹时,除了上述方法外,还可以在选中的文件或文件夹上,单击鼠标右键,在快捷菜单中的"发送到"选项中选中目标存储位置,实现复制操作。

2.3.6   删除、恢复文件及文件夹

1. 删除文件及文件夹

删除文件或文件夹可以采用以下任意一种方法。

（1）选中要删除的文件或文件夹,单击"主页"菜单中的"删除"命令,如图 2-3-8 所示。

（2）在选中的文件或文件夹上单击鼠标右键,在弹出的快捷菜单中选择"删除"选项。

（3）选中要删除的文件或文件夹,按下 Delete 键。

（4）选中要删除的文件或文件夹,并按住鼠标左键,将其直接拖动到桌面的"回收站"中。

系统执行上述"删除"命令时,文件会被临时存储在"回收站"中,以防止误操作。如果要彻底删除文件(不放入回收站),应按住 Shift 键,同时选择"删除"命令或按下 Delete 键。此时,系统会弹出"删除文件"对话框,如图 2-3-11 所示,单击"是"按钮,将彻底删除文件。

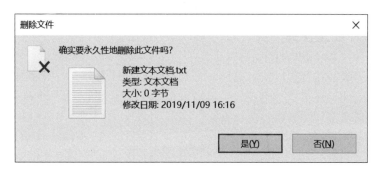

图 2-3-11　"删除文件"对话框

2. 恢复文件及文件夹

如果想要在"回收站"中恢复被删除的文件或文件夹,应首先打开回收站窗口,如图 2-3-12 所示。选择要恢复的一个或多个文件及文件夹,在其上单击鼠标右键,然后在弹出的快捷菜单中选择"还原"选项;或者选择"回收站工具"菜单中的"还原选定项目"。如果要还原当前回收站中的全部文件及文件夹,可选择"回收站工具"菜单中的"还原所有项目"。

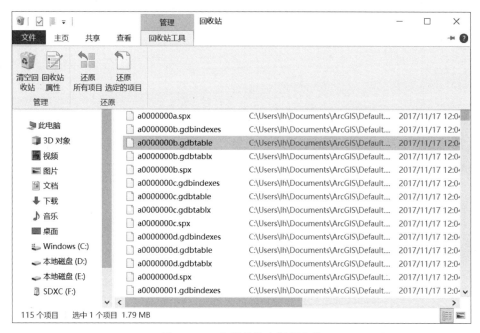

图 2-3-12　在回收站中还原文件

注意:一些文件被删除后不暂存在回收站中,因此不能被恢复。主要包括:移动硬盘 (如 U 盘)上的文件、网络上的文件、在 MS-DOS 环境下删除的文件。

3. 清空回收站

如图 2-3-12 所示,在回收站窗口中,选择"回收站工具"菜单中的"清空回收站",将清空回收站中的全部文件。定期清空回收站,可以释放无用文件所占用的硬盘空间。

2.3.7　查找文件或文件夹

打开桌面上"此电脑"窗口，或者进一步打开某个磁盘或文件夹，在搜索栏中输入要查找的文件名，系统会将存储在当前路径下、与输入内容相关的文件和文件夹全部显示在窗口中，如图 2-3-13 所示。

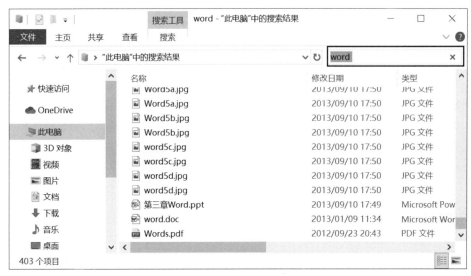

图 2-3-13　查找文件或文件夹

如果用户需要设置更多的文件搜索选项，如文件的类型、大小、修改日期等，可以单击窗口中"搜索"菜单，选择相应的命令进行设置，如图 2-3-14 所示。

图 2-3-14　文件搜索选项

2.3.8　压缩文件或文件夹

压缩文件可以达到缩小文件的目的，是较为常用的文件管理操作。

1. 压缩文件或文件夹

压缩文件或文件夹的方法如下。

（1）利用 Windows 10 系统自带的压缩程序对文件或文件夹进行压缩。选择要压缩的文件或文件夹，单击鼠标右键，在弹出的快捷菜单中选择"发送到"→"压缩（zipped）文件夹"

选项。将在同一存储路径下生成一个新的压缩文件,它的文件名与被压缩文件或文件夹相同,扩展名为 zip。

(2)如果系统中安装了其他压缩软件,如 WinRAR,也可实现对文件或文件夹的压缩。选择要压缩的文件或文件夹,单击鼠标右键,在弹出的快捷菜单中选择"添加到"我的文件夹.rar""选项,如图 2-3-15 所示。该压缩方式生成的压缩文件的扩展名为 rar。

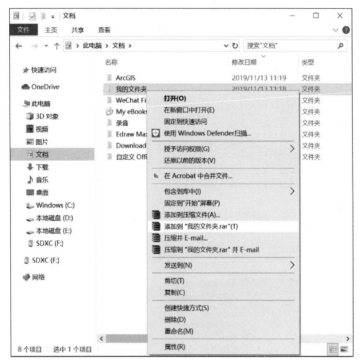

图 2-3-15　采用 WinRAR 压缩文件

(3)采用 2.3.1 小节所述方法新建一个压缩文件,向该压缩文件中添加要压缩的文件或文件夹。选择要添加的文件或文件夹,按住鼠标左键,将其拖动至压缩文件处,然后松开鼠标。

2. 解压文件或文件夹

解压缩是压缩的逆向操作,解压文件或文件夹的方法如下。

(1)如果系统中安装了压缩软件,双击要解压的压缩文件,就自动打开压缩软件,选择压缩软件的"解压到"命令,实现解压文件。

(2)选择要解压的压缩文件,单击鼠标右键,在弹出的快捷菜单中选择"解压到当前文件夹"或"解压到××"选项即可。"解压到当前文件夹"表示将该压缩文件解压到当前文件中;"解压到××"表示在当前存储路径下创建一个与压缩包同名的文件夹,并把压缩包中的文件解压到这个文件夹中。

2.3.9　使用库访问文件和文件夹

库的目的是快速访问用户重要的资源,其实现方式类似于应用程序或文件的快捷方式。库中包含四个默认的子库,分别为"视频""图片""文档""音乐",分别链向当前用户下的"视频""图片""文档""音乐"文件夹。从 Internet 下载的视频、图片、歌曲等会默认分别存放到这些子库中。

1. 在库中链接磁盘上的其他文件夹

选择要链接到库中的文件夹,单击鼠标右键,在弹出的快捷菜单中选择"包含到库中"选项子菜单中相应的子库选项即可,如图 2-3-16 所示。此时,可以实现在子库中快速访问该文件夹。

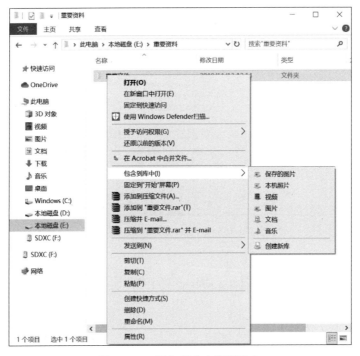

图 2-3-16　添加用户文件到库中

2. 管理库中资源

打开桌面上"此电脑"窗口,单击左侧导航栏"库"中的相应子库,可以看到用户添加的文件夹链接,如图 2-3-17 所示。如果需要对子库中的资源进行管理,可选择窗口的"库工具"菜单,单击"管理库"命令,打开"文档库位置"对话框,在当前子库中添加或删除文件夹。

图 2-3-17　管理库

2.4　设置窗口与控制面板

微软公司在首次推出 Windows 10 版本时,曾宣布要放弃经典的"控制面板",将所有选项都迁移到"设置"窗口中。但是那些从 Windows XP 和 Windows 7 升级而来的用户,已经习惯使用"控制面板",较难适应全新的"设置"窗口方式。因此,目前 Windows 10 版本采用了一种二者并行的折衷方式,本书在对系统各种属性和功能设置介绍中,尽量兼顾两种方法。

2.4.1　打开"设置"窗口或"控制面板"

"设置"和"控制面板"是 Windows 10 重要的系统管理工具,用于调整系统的环境参数和各种属性、安装新的硬件设备、对设备进行管理等。

1. 打开"设置"窗口

打开"设置"的常用方法如下。

(1) 选择"开始"→"设置"选项,详见 2.2.3 节开始菜单的介绍。

(2) 在"开始"图标上,单击鼠标右键,在弹出的快捷菜单中选择"设置"选项。

(3) 单击任务栏右侧系统区中的通知按钮,在弹出的快捷菜单中选择"所有设置"选项。

（4）利用键盘上 Win＋I 组合键，快速打开 Windows 设置。

2. 打开"控制面板"

打开"控制面板"的方法如下。

（1）选择"开始"→"Windows 系统"→"控制面板"选项。

（2）在任务栏的搜索框中，输入"控制面板"，在搜索结果中选择"控制面板"应用。

（3）可在桌面图标设置中，勾选"控制面板"，使其显示在桌面上，再双击图标打开，详见 2.2.2 节桌面的介绍。

"控制面板"中的设置内容的查看方式有 3 种，分别为类别、大图标和小图标。可通过单击窗口右上角的下拉列表框来选择不同的显示形式，如图 2-4-1 所示。

图 2-4-1　控制面板

2.4.2　显示与个性化设置

显示设置主要是调整显示器屏幕及屏幕显示内容的视觉效果。Windows 10 中"控制面板"上更改显示设置的功能已全部迁移到"设置"对话框中。按照 2.4.1 节操作打开"设置"窗口，依次选择"系统"→"显示"选项，打开"显示"对话框，如图 2-4-2 所示。可以根据需要更改文本、应用等项目的大小，设定合适的显示分辨率、显示方向等。

个性化是指用户根据个人喜好对系统显示、声音等进行设置，使其具有独特的风格。按照 2.4.1 节操作打开"设置"窗口，选择"个性化"命令，打开"个性化"对话框，如图 2-4-3 所示。

个性化设置包含了"背景""颜色""锁屏界面""主题""字体""开始"和"任务栏"的设置。

图 2-4-2　"显示"设置

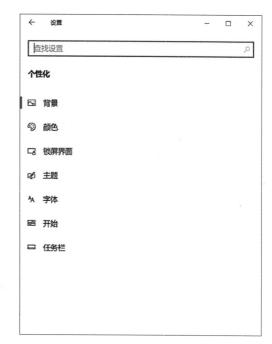

图 2-4-3　"个性化"设置

2.4.3　日期与时间设置

1. 采用"设置"窗口进行更改

方法 1：在任务栏右侧的系统时间显示区，单击鼠标右键，在弹出的快捷菜单中选择"调整日期/时间"选项，打开"日期和时间"对话框，如图 2-4-4 所示。

方法 2：通过开始菜单依次选择"开始"→"设置"→"时间和语言"→"时间和日期"选项，打开"日期和时间"对话框（图 2-4-4）。

在"日期和时间"对话框中，可以根据需要选择自动设置时间，使计算机的系统时间与时间服务器（time.windows.com）同步，也可手动设置日期和时间。此外，还可以设置时区、添加不同时区的附加时钟等。

2. 采用"控制面板"进行更改

打开控制面板，选择"时钟和区域"命令，打开"时钟和区域"窗口，如图 2-4-5 所示。在"日期和时间"设置中，包括"设置日期和时间""更改时区""添加不同时区的时钟"等。在"区域"设置中，包括"更改日期、时间或数字格式"。

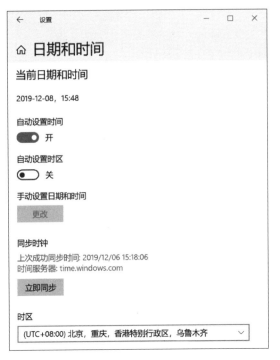

图 2-4-4　"日期与时间"设置

图 2-4-5　"时钟和区域"窗口

2.4.4　输入法设置

目前比较常见的汉字键盘输入法多采用拼音输入法,如微软拼音输入法、搜狗拼音输入法、谷歌拼音输入法等。除了拼音输入法,还有笔画输入法。

输入法的选择可以通过鼠标单击任务栏系统区的语言模式,实现中、英文输入法切换,如图 2-2-7 所示。

通常 Windows 10 操作系统提供了微软拼音输入法,用户也可以安装和使用其他输入法。在 Windows"设置"窗口(图 2-2-5)中选择"时间和语言"选项,然后再选择"语言",打开如图 2-4-6 所示的"语言"窗口。单击"选择始终默认使用的输入法",打开"高级键盘设置"窗口,在此窗口中设置默认输入法及语言模式的相关设置。

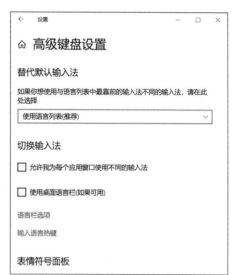

图 2-4-6　"语言"设置

2.4.5　账户管理

Windows 10 操作系统允许设定多个用户使用同一台计算机,每个用户可以有个性化的环境设置。计算机中的用户有两种类型,一种是计算机管理员账户,另一种是受限制账户。计算机管理员账户可以对计算机进行全系统更改、安装程序和访问计算机上所有文件,拥有计算机管理员账户的用户拥有对计算机上其他用户账户的完全访问权,可以创建和删除计算机上其他用户账户。被设定为受限制账户的用户可以访问已经安装在计算机上的程序,但不能安装软件或硬件,不能删除系统重要文件,不能更改大多数计算机设置。这类用户可以更改其账户图片,可以创建、更改或删除其密码,但不可以更改账户名和账户类型。

在"设置"窗口(图 2-2-5)中选择"账户",出现如图 2-4-7 所示的窗口,可以对当前账户信息、电子邮件及登录选项等进行设置,也可选择"家庭和其他用户",打开"家庭和其他用户"设置窗口,创建、管理和设置其他账户。

图 2-4-7　"账户"设置

2.5　程序管理

2.5.1　应用程序的启动与关闭

1. 启动应用程序

应用程序的启动有多种方式。

(1) 选择开始菜单中应用程序对应的快捷方式,启动应用程序。

(2) 如果应用程序在桌面、任务栏或文件夹中建立了快捷图标,通过双击鼠标左键,或单击鼠标右键,在弹出的快捷菜单中选择"打开"选项。

(3) 在任务栏的搜索框中直接输入要启动的应用程序名,在查找结果中选择要打开的应用程序。

2. 关闭应用程序

关闭应用程序是指正常结束一个应用程序的运行,其方法有以下几种。

(1) 单击应用程序窗口标题栏的关闭按钮。

(2) 在应用程序窗口中,选择"文件"→"关闭"选项。

(3) 在应用程序窗口标题栏,单击鼠标右键,在弹出的快捷菜单中选择"关闭"选项。

(4) 按下 Alt+F4 组合键。

如果应用程序在运行过程中出现异常,需要强制结束时,可通过任务管理器关闭程序。

2.5.2　任务管理器

通过任务管理器,用户可以查看正在计算机上运行的程序和进程的状态及相关信息,也可以终止程序或任务。此外,任务管理器还为用户提供查看系统当前运行状态、性能,以及管理启动项等功能。

1. 打开任务管理器

(1) 在任务栏上单击鼠标右键,在弹出的快捷菜单中选择"任务管理器"选项。

(2) 同时按下 Ctrl+Alt+Del 组合键,在出现的界面中选择"任务管理器"选项。

通过以上操作,打开任务管理器,如图 2-5-1 所示。

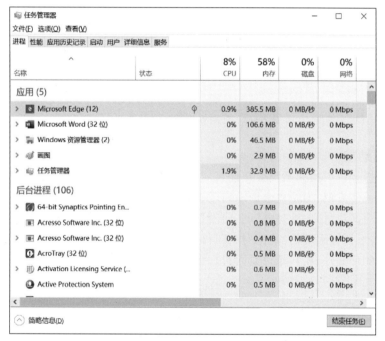

图 2-5-1　任务管理器"进程"选项卡

2. 结束应用程序或进程

如果应用程序在运行过程中出现异常,需要强制结束时,打开任务管理器,在"进程"选项卡对应的页面中(图 2-5-1),选择"应用"组中要结束的应用程序,单击对话框底部的"结束任务"按钮,可以结束应用程序。结束后台进程的方法类似,但一般用户在不清楚进程功能的情况下,应谨慎操作。

3. 查看系统性能

用户可以在"任务管理器"的"性能"选项卡对应的页面中,查看 CPU、内存、磁盘、Wi-Fi 等资源当前的使用情况,如图 2-5-2 所示。

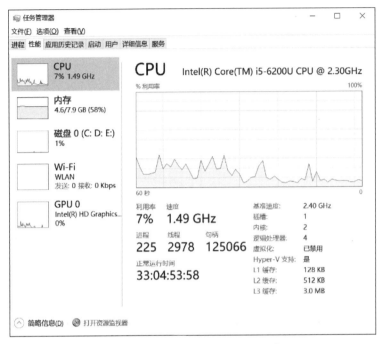

图 2-5-2　任务管理器"性能"选项卡

4. 管理启动项

启动项是指开机后操作系统会在前台或者后台自动运行的程序。许多程序的自启动,
给我们带来了很多方便,但是也会影响启动速度,有的也可能是病毒程序。因此,用户有时
需要管理启动项。在"任务管理器"的"启动"选项卡对应的页面中,选择当前处于自启动状
态的程序,单击对话框底部的"禁用"按钮,可以禁用启动项。

除了前述的功能外,用户还可以通过任务管理器查看"应用历史记录""用户""服务"等
信息。

2.5.3　安装或卸载应用程序

1. 安装应用程序

(1)自动安装应用程序。大多数软件安装光盘都附有 Autorun 功能,将安装光盘放入
光驱,就会自动执行应用程序。根据安装向导的提示就可以完成应用程序的安装任务。

(2)运行安装文件。很多情况下,用户是从网络下载或移动设备复制获得应用程序的
安装文件。打开安装文件所在的目录,安装程序的可执行文件名通常为"setup.exe""install.
exe"或"安装程序名.exe"。双击可执行文件,根据安装向导的提示就可以完成应用程序的
安装任务。

2. 卸载或修改应用程序

卸载应用程序不能直接将安装目录下的应用程序文件夹删除,这样不能彻底卸载程序,

还容易导致误操作。正确的删除或修改程序方法如下。

（1）打开"控制面板"，选择"程序"→"卸载程序"选项，在应用程序列表中选择要卸载的程序。单击"卸载"按钮；或单击鼠标右键，在弹出的快捷菜单中选择"卸载"选项，如图 2-5-3 所示。根据卸载程序向导的提示完成卸载任务。

图 2-5-3   从控制面板卸载程序

（2）打开"开始菜单"→"设置"窗口，选择"应用"→"应用功能"选项，在应用程序列表中选择要卸载或修改的程序，单击"卸载"按钮或"修改"按钮，如图 2-5-4 所示。根据卸载或修改程序向导的提示完成相应的任务。

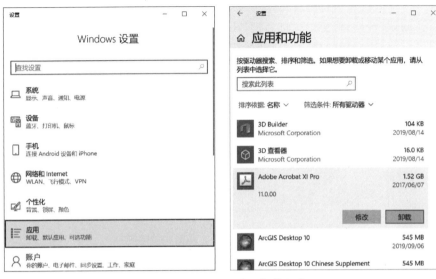

图 2-5-4　从"设置"窗口卸载程序

2.6　设备管理

2.6.1　设备管理器

设备管理器是一种管理工具,用来管理计算机上的设备。用户可以通过"设备管理器"查看和更改设备属性、更新设备驱动程序、配置设备和卸载设备。在桌面上的"此电脑"图标上单击鼠标右键,在弹出的快捷菜单中选择"属性"菜单项,打开"系统"窗口,如图 2-6-1 所示,选择窗口左侧的"设备管理器"选项,打开如图 2-6-2 所示的设备管理器窗口。在设备管理器窗口可以查看设备属性及扫描检测硬件改动。

2.6.2　添加新的硬件设备

新的硬件设备连接到计算机上,Windows 10 操作系统会自动尝试安装该设备的驱动程序。硬件驱动程序的作用是保证硬件设备与计算机之间能够进行正常的通信。通常情况下,Windows 10 会自动完成驱动程序的安装,这个过程不需要人工的干预,安装完成后,就可以正常使用设备。但是在一些情况下,Windows 10 无法找到驱动程序,需要手工安装驱动程序。手工安装有以下方式。

(1) 如果硬件设备提供了安装光盘或可以从网络上下载安装程序,参考 2.5.3 节所述的应用程序安装方法,按照向导指示完成驱动程序的安装。

图 2-6-1　"系统"窗口

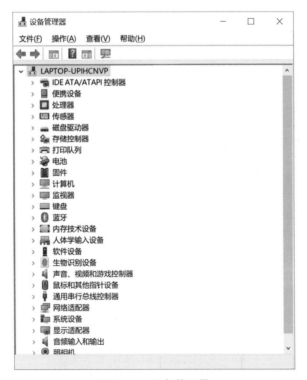

图 2-6-2　设备管理器

（2）打开"开始菜单"→"设置"窗口，选择"设备"选项，打开常用设备列表窗口，如图 2-6-3 所示。从列表中选择要安装的新硬件类型，打开相应的配置窗口。

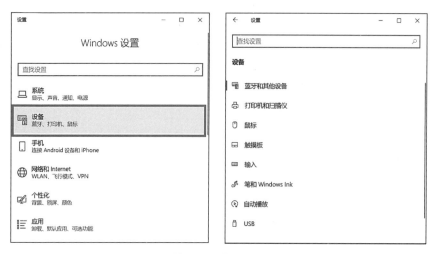

图 2-6-3 从"设置"窗口添加新的硬件

例如添加一个新打印机，可选择"打印机和扫描仪"选项，打开如图 2-6-4 所示的设置窗口。选择"添加打印机或扫描仪"，系统会开始扫描外接打印机设备，按照提示完成安装。如果要删除已经安装的打印机，选中该打印机，然后单击"删除设备"按钮即可。

图 2-6-4 "打印机和扫描仪"设置窗口

（3）在控制面板中选中"设备和打印机"选项，打开如图 2-6-5 所示窗口。通过单击"添加设备"或"添加打印机"按钮，启动相应的安装向导，依据向导提示完成安装。

图 2-6-5　设备和打印机配置窗口

2.6.3　常见硬件设备的属性设置

对于常见的硬件设备如显示器、鼠标、键盘、耳机、麦克风、打印机，可以通过"设置"窗口或控制面板进行相关的设置。

1. 显示器的设置

打开"开始菜单"→"设置"窗口，选择"系统"→"显示"选项，如图 2-6-6 所示。在此窗口中，可进行显示器亮度、文本大小、分辨率、显示方向等设置。

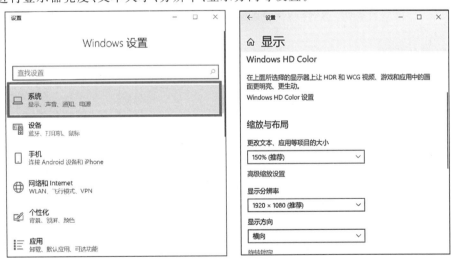

图 2-6-6　从"设置"窗口设置显示属性

2. 声音设备的设置

打开"开始菜单"→"设置"窗口,选择"系统"→"声音"选项,如图 2-6-7 所示。在此窗口中,可设置声音输出设备,如扬声器/耳机的设备属性、音量大小,也可以设置声音输入设备,如麦克风的设备属性及其他高级声音选项。

3. 鼠标的设置

打开"开始菜单"→"设置"窗口,选择"设备"→"鼠标"选项,如图 2-6-8 所示。在此窗口中,可设置鼠标的相关属性。

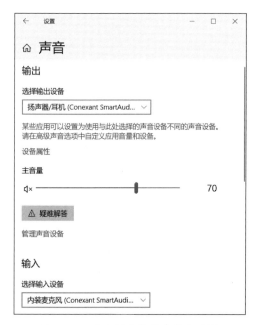

图 2-6-7　声音设备的输入输出设置

图 2-6-8　鼠标设置

4. 键盘的设置

打开"开始菜单"→"设置"窗口,选择"设备"→"输入"选项,如图 2-6-9 所示。在此窗口中,可设置键盘输入的相关属性。

5. 打印机的设置

打开"开始菜单"→"设置"窗口,选择"设备"→"打印机和扫描仪"选项。在此窗口中,选中要设置的打印机,然后单击"管理"按钮。在打开的窗口中设置该打印机的相关属性,如图 2-6-10 所示。

图 2-6-9　键盘设置

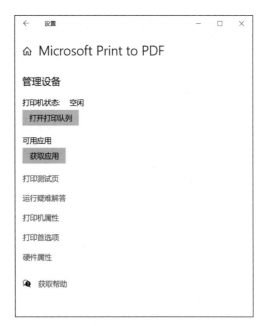

图 2-6-10　打印机设置

2.7　常用的工具软件

2.7.1　画图 3D

画图 3D 是微软公司为 Windows 10 发布的一款 3D 绘制功能软件,与 Windows 原来的画图工具相比,它更专注于渲染 3D 对象。

选择"开始菜单"→"画图 3D"选项,打开画图 3D 窗口。例如,选择一个 3D 模型,如图 2-7-1 所示。在 3D 空间中,可以移动、缩放、旋转和编辑形状,还支持设置背景、进行 3D 动画演示等功能。

2.7.2　便笺

便笺(Sticky Notes)是 Windows 10 内置的一款小型功能软件,它参考人们日常学习和工作过程中随手记录的本子或者便条,设计实现的计算机桌面便笺,用来记录简短的信息。

选择"开始菜单"→"便笺"选项,打开如图 2-7-2 所示的便笺窗口。通过单击便笺界面"+"或者按下 Ctrl+N 组合键或者按下便笺左上角的"新建"按钮,就可以快速创建一个新的便笺。在便笺中,可以添加文字、图片,它会自动保存,无需进行其他操作;还支持修改便笺颜色,单击右上角的"…"按钮,然后从给出的色板中进行挑选。默认颜色包括黄、绿、蓝、

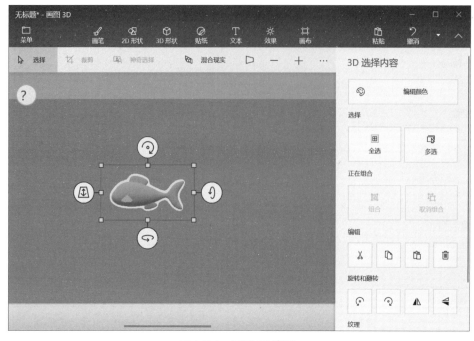

图 2-7-1 画图 3D 窗口

粉、紫、灰、深灰等 7 种。如果想要删除整个便笺,可以单击右上角的"…"图标,从弹出的菜单中选择"删除笔记"。此外,便笺还支持全文搜索,在便笺列表中输入关键词即可,搜索到的关键词会高亮标出。

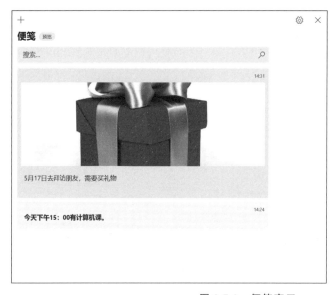

图 2-7-2 便笺窗口

2.7.3　截图和草图

"截图和草图"是 Windows 10 内置的一款截图工具,启动的方法如下。

(1) 选择"开始菜单"→"Windows 附件"→"截图和草图"选项。

(2) 使用键盘上的组合键 Win+Shift+S,启动"截图和草图"。

如图 2-7-3 所示,当启动了"截图和草图"后,屏幕上方出现了四种截图模式:"矩形截图""任意形状截图""窗口截图""全屏截图"。使用其中一种方式,就可以在屏幕上选择截图区域。当截图完成后,截图区域会立即消失,在桌面右下角弹窗中提示"保存到剪贴板"。此时,需要单击这个弹窗,打开"截图和草图"窗口进行"截图编辑"。

图 2-7-3　截图和草图窗口

2.7.4　步骤记录器

　　步骤记录器是 Windows 10 提供的一种操作步骤记录工具,它能够自动捕捉计算机上执行的步骤,并根据每次单击操作生成文本描述和屏幕快照。

　　进行步骤记录和保存的过程如下。

　　(1)依次选择"开始菜单"→"Windows 附件"→"步骤记录器"选项,可打开如图 2-7-4所示的步骤记录器窗口。

图 2-7-4　步骤记录器窗口

　　(2)单击"开始记录"按钮,然后操作计算机,步骤记录器会记录下每次单击操作的步骤,期间可以"暂停记录",稍后再继续。在记录的过程,如果想为图片添加注释,请单击"添加注释"按钮,在屏幕想要显示注释的区域,拖动鼠标,然后在"突出显示问题和注释"文本框中键入注释,单击"确定"按钮。

　　(3)单击"停止记录"按钮,弹出"另存为"窗口,选择要保存记录文件的位置,并为文件命名,文件保存的类型为.zip 格式,单击"保存"按钮。接下来,就可以查看记录的图文步骤,或者也可以用幻灯片形式查看。

2.7.5　录音机

　　录音机是 Windows 10 提供的一种声音录制工具。录音机将录制的声音以 MPEG-4 音频标准的文件格式保存在计算机中。

　　录音机窗口如图 2-7-5 所示。窗口左侧显示已录制的声音文件,选中一个录音文件,窗口右侧提供了声音文件的播放、共享、剪裁、删除、重命名以及其他相关设置。窗口下方的圆形蓝色按钮为录制按钮,按下按钮可启动一个新的声音文件的录制。

2.7.6　多媒体播放器

　　Windows 10 中的多媒体播放器(Windows Media Player)是一款通用的多媒体播放工具,可以播放音乐、视频、CD 和 DVD 等在内的所有数字媒体。

　　依次选择"开始菜单"→"Windows 附件"→"Windows Media Player"选项,可打开如图 2-7-6所示的多媒体播放器窗口。多媒体播放器窗口下方有一排播放相关按钮,通过这些按钮可以控制基本播放任务,如播放/暂停、上一个、停止、下一个、静音、音量控制等操作。

　　Windows Media Player 多媒体播放器支持播放的音频文件格式包括 WAV、MIDI、MP3 等,支持播放的视频文件格式包括 AVI、MOV、MPG 等。

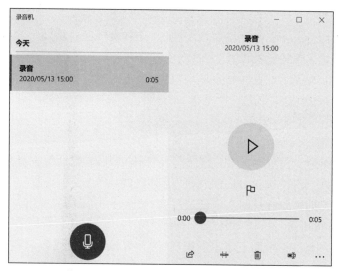

图 2-7-5 录音机窗口

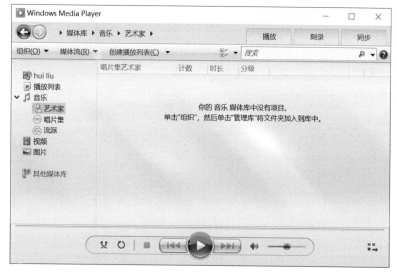

图 2-7-6 多媒体播放器窗口

2.8 本章任务

2.8.1 任务 1——个性化计算机的设置

1. 任务描述

要求在掌握 2.2 节知识基础上完成本任务。

（1）更换桌面背景。

（2）设置桌面图标：在桌面上添加系统图标"计算机""回收站"和"控制面板"。

（3）设置任务栏：将任务栏设置为"自动隐藏任务栏"。

（4）设置"开始"菜单：设置开始菜单中"显示最近添加的应用"。

（5）通过任务栏的"搜索框"打开"记事本"软件。

2. 任务实现

（1）更换桌面背景。操作步骤如下。

步骤 1：在桌面的空白处单击鼠标右键，在弹出的快捷菜单中选择"个性化"选项，如图 2-4-3 所示。选择"背景"选项，打开"背景"设置窗口。

步骤 2：从系统提供的背景图片中任选一张，或者单击"浏览"按钮，在计算机的其他存储路径下选择一张图片。

（2）设置桌面图标：在桌面上添加系统图标"计算机""回收站"和"控制面板"。操作步骤如下。

步骤 1：如图 2-2-4 中的③所示，在开始菜单左侧单击"设置"按钮，打开系统的设置窗口，选择"个性化"选项，然后再选择"主题"选项。

步骤 2：在"主题"设置窗口中，单击"桌面图标设置"，打开桌面图标设置对话框，如图 2-2-3 所示。在"桌面图标"栏中，勾选"计算机""回收站"和"控制面板"，然后单击"确定"按钮，关闭对话框。"计算机""回收站"和"控制面板"图标将出现在桌面左上角区域内。

（3）设置任务栏：将任务栏设置为"自动隐藏任务栏"。操作步骤如下。

步骤 1：如图 2-2-4 中的③所示，在开始菜单左侧单击"设置"按钮，打开系统的设置窗口，然后依次选择"个性化"→"任务栏"选项，打开任务栏设置窗口，如图 2-2-10 所示。

步骤 2：将"在桌面模式下自动隐藏任务栏"下面的开关置于"开"的状态。此时，桌面下方的任务栏会自动隐藏，只有当鼠标经过桌面下方时，任务才会显示出来。

（4）设置"开始"菜单中显示最近添加的应用。操作步骤如下。

步骤 1：如图 2-2-4 中的③所示，在开始菜单左侧单击"设置"按钮，打开系统的设置窗口，然后依次选择"个性化"→"开始"选项，打开开始菜单设置窗口，如图 2-2-6 所示。

步骤 2：将"显示最近添加的应用"下面的开关置于"开"的状态。如果刚刚安装了新的软件，那么该软件将出现在开始菜单最上面的"最近添加"中。

（5）通过任务栏的"搜索框"打开"记事本"软件。操作步骤如下。

如图 2-2-7 所示，在任务栏的"搜索框"中输入"Notepad.exe"，然后按下"回车"键。此时，将打开记事本软件。

2.8.2 任务 2——文件管理

1. 任务描述

要求在掌握 2.3 节知识基础上完成本任务。

（1）文件夹的创建：在 D 盘根目录下创建 1 个文件夹，命名为"任务 2.2"，并在此文夹下创建"文字""图片"和"声音"3 个子文件夹。

（2）文本文档的创建及保存：在"文字"文件夹下创建一个文本文档，命名为"我的大学生活"，然后保存。

（3）文件属性的设置：查看"我的大学生活.txt"的文件属性，并将文件的属性设置为"只读"。

（4）文件的搜索、复制：查找 C 盘 Windows 目录下所有.bmp 格式的图片文件。将搜索结果中的第 2、第 4、第 6 和第 8 个文件复制到"图片"文件夹中。

（5）文件的删除和还原：删除"图片"文件夹中的第 1 和第 2 个文件，再从回收站恢复第 1 个文件。

（6）创建快捷方式：在桌面上创建"图片"文件夹的快捷方式。

（7）文件夹选项的设置：打开"此电脑"窗口，在窗口菜单中找到"选项"菜单，在"文件夹选项"对话框中选择"查看"页面，分别设置(a)显示隐藏的文件、文件夹或驱动器；(b)不隐藏已知文件类型的扩展名。

（8）文件的显示和隐藏：隐藏"文字"文件夹中的"我的大学生活.txt"文件。

（9）文件的重命名：将"声音"文件夹重命名为"我的心声"。

2. 任务实现

（1）文件夹的创建：在 D 盘根目录下创建 1 个文件夹，命名为"任务 2.2"，并在此文件夹下创建"文字""图片"和"声音"3 个子文件夹。操作步骤如下。

步骤 1：在桌面上双击"此电脑"图标，打开"此电脑"窗口。然后双击"本地磁盘(D:)"，打开 D 盘根目录文件夹窗口。

步骤 2：在窗口中的空白处单击鼠标右键，在弹出的快捷菜单中依次选择"新建"→"文件夹"。在窗口文件列表中出现一个新文件夹图标，默认名是"新建文件夹"，此时图标处于编辑状态，输入"任务 2.2"，然后回车，新建的文件夹被命名为"任务 2.2"。

步骤 3：双击"任务 2.2"文件夹，打开该文件夹窗口，这是一个空白文件夹。然后按照上面步骤 2 的方法，在该空白文件夹下依次创建"文字""图片"和"声音"3 个子文件夹。

（2）文本文档的创建及保存：在"文字"文件夹下创建一个文本文档，命名为"我的大学生活"，然后保存。操作步骤如下。

步骤 1：打开刚刚创建的"文字"文件夹窗口。在窗口中的空白处单击鼠标右键，在弹出的快捷菜单中依次选择"新建"→"文本文档"。

步骤 2：在窗口文件列表中出现一个新的文本文档图标，默认名是"新建文本文档"，此时图标处于编辑状态，输入"我的大学生活"，然后回车，新建的文本文档被命名为"我的大学生活"。

（3）文件属性的设置：查看"我的大学生活.txt"的文件属性，并将文件的属性设置为"只读"。操作步骤如下。

步骤 1：在刚刚创建的"我的大学生活"文本文档的图标上，单击鼠标右键，在弹出的快捷菜单中选择"属性"，打开属性对话框。

步骤 2：在属性对话框的"常规"选项页中，勾选下方属性的"只读"复选框，如图 2-8-1

所示。然后单击"确定"按钮,关闭对话框。

图 2-8-1　文件属性对话框

（4）文件的搜索、复制：查找 C 盘 Windows 目录下所有.bmp 格式的图片文件。将搜索结果中的第 2、第 4、第 6 和第 8 个文件复制到"图片"文件夹中。操作步骤如下。

步骤 1：在桌面上双击"此电脑"图标,打开"此电脑"窗口。然后双击"本地磁盘(C：)",打开 C 盘根目录文件夹窗口。然后在窗口文件列表中找到"Windows"文件夹图标,在图标上双击鼠标左键,打开"Windows"文件夹窗口。

步骤 2：如图 2-3-13 所示,在窗口搜索栏中输入"bmp",系统会将存储在当前路径下.bmp格式的图片文件全部显示在窗口中。

步骤 3：搜索完成后,在窗口中,按住 Ctrl 键,然后用鼠标依次选择第 2、第 4、第 6 和第 8 个文件。然后在窗口上方中的"主页"面板中选中"复制"选项。上述所选文件被放在系统的剪贴板中。

步骤 4：打开文件夹"任务 2.2"中的"图片"文件夹窗口,在窗口上方中的"主页"面板中选中"粘贴"选项。系统将剪贴板中的文件粘贴在"图片"文件夹窗口中。

（5）文件的删除和还原：删除"图片"文件夹中的第 1 和第 2 个文件,再从回收站恢复第 1 个文件。操作步骤如下。

步骤 1：在"图片"文件夹窗口,按住 Ctrl 键,然后用鼠标依次选择第 1 和第 2 个文件。然后在窗口上方中的"主页"面板中选中"删除"选项。上述所选文件被删除到系统的回收站中。

步骤 2：单击任务栏最右侧,最小化所有的当前窗口,回到桌面。双击桌面上的"回收站"图标,打开"回收站"窗口。在被删除的第1个文件图标上,单击鼠标右键,在弹出的快捷菜单中选择"还原"。被删除的第1个文件将被还原到"图片"文件夹中。

（6）创建快捷方式：在桌面上创建"图片"文件夹的快捷方式。操作步骤如下。

步骤1：打开"任务2.2"文件夹窗口。在窗口文件列表的"图片"文件夹图标上,单击鼠标右键,在弹出的快捷菜单中选择"创建快捷方式"。此时窗口文件列表中出现了一个"图片"文件夹的快捷方式。

步骤2：选中该"图片"文件夹的快捷方式,然后在窗口上方中的"主页"面板中选中"剪切"选项。上述所选快捷方式被放在系统的剪贴板中。

步骤3：单击任务栏最右侧,最小化所有的当前窗口,回到桌面。在桌面的空白处,单击鼠标右键,在弹出的快捷菜单中选择"粘贴"。系统将剪贴板中"图片"文件夹的快捷方式粘贴在桌面上。此时,双击桌面上的"图片"文件夹快捷方式,可以直接打开"图片"文件夹。

（7）文件夹选项：打开"此电脑"窗口,在窗口菜单中找到"选项"菜单,在"文件夹选项"对话框中选择"查看"页面,分别设置(a)显示隐藏的文件、文件夹或驱动器；(b)不隐藏已知文件类型的扩展名。操作步骤如下。

步骤1：在桌面上双击"此电脑"图标,打开"此电脑"窗口。然后在窗口上方中的"查看"面板中选择"选项",打开"文件夹选项"对话框。

步骤2：在"文件夹选项"对话框中,切换到"查看"选项卡,如图2-8-2所示,在高级设置的列表框中选中"显示隐藏的文件、文件夹和驱动器"的单选按钮；去掉"隐藏已知文件类型的扩展名"的复选框选项。

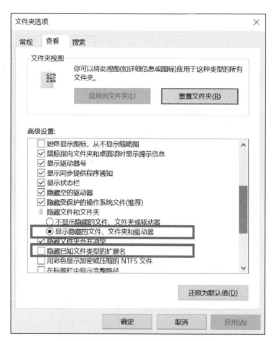

图 2-8-2　"文件夹选项"对话框

（8）文件的显示和隐藏：隐藏"文字"文件夹中的"我的大学生活.txt"文件。操作步骤如下。

步骤 1：打开"文字"文件夹窗口。在"我的大学生活"文本文档的图标上，单击鼠标右键，在弹出的快捷菜单中选择"属性"，打开属性对话框，如图 2-8-1 所示。

步骤 2：在属性对话框的"常规"选项页中，勾选下方属性的"隐藏"复选框。然后单击"确定"按钮，关闭对话框。观察设置文件隐藏属性后，该文件图标在显示上的变化。

（9）文件的重命名：将"声音"文件夹重命名为"我的心声"。操作步骤如下。

步骤 1：打开"任务 2.2"文件夹窗口。在窗口文件列表的"声音"文件夹图标上，单击鼠标右键，在弹出的快捷菜单中选择"重命名"。

步骤 2：此时"声音"文件夹图标处于编辑状态，输入"我的心声"，然后回车，该文件夹被重命名为"我的心声"。

2.8.3　任务 3——设置窗口与控制面板的使用

1. 任务描述

要求在掌握 2.4 节知识基础上完成本任务。

（1）通过设置窗口将屏幕显示的文本大小设置为"125%"，显示器的分辨率修改为列表中其他选项，然后保存更改，查看调整后的屏幕显示效果。

（2）通过"控制面板"添加一个附加时钟，显示太平洋时间（美国和加拿大），并命名为"美国时间"。

2. 任务实现

（1）通过设置窗口将屏幕显示的文本大小设置为"125%"，显示器的分辨率修改为列表中其他选项，然后保留更改，查看调整后的屏幕显示效果。操作步骤如下。

步骤 1：在桌面的空白处单击鼠标右键，在弹出的快捷菜单中选择"显示设置"，打开"显示"设置窗口，如图 2-6-6 所示。

步骤 2：在"缩放与布局"中的"更改文本、应用等项目的大小"的选择列表中，选中"125%"的选项。观察调整后的屏幕显示效果。

步骤 3：在"显示分辨率"的选择列表中，选择与当前设置不同的另一个选项，然后保留更改。观察调整后的屏幕显示效果。

（2）通过"控制面板"添加一个附加时钟，显示太平洋时间（美国和加拿大），并命名为"美国时间"。操作步骤如下。

步骤 1：按照任务 2.8.1（2）的方法，在桌面上添加"控制面板"图标。双击该图标，打开"控制面板"窗口。

步骤 2：选择"日期和时间"选项，打开"日期和时间"设置对话框。切换到"附加时钟"选项卡。在选择时区列表中，选择"太平洋时间（美国和加拿大）"，显示名称设置为"美国时间"，如图 2-8-3 所示。然后单击"确定"按钮。

图 2-8-3　附加时钟设置

步骤 3：单击任务栏右侧系统区的系统时钟，查看附加时钟"美国时间"的显示。

第 3 章　办公软件 Office 2016

3.1　概述

微软公司的 Office 办公软件系列主要包括文字处理软件 Word、表格制作软件 Excel、幻灯片制作软件 PowerPoint、小型数据库软件 Access、图表编辑软件 Visio、邮件客户端 Outlook 等多个组件,是学习、工作必备的基础软件。本书介绍 Word、Excel 和 PowerPoint 三个软件的使用。

1984 年,微软公司推出基于 Windows 操作系统的第一版办公软件系列 Microsoft Office。至今已升级推出多个版本,在界面设计和实用性上不断改进,目前最为通用的版本为 Office 2016。

Office 2016 办公软件的系列组件具有统一的界面风格和共性的应用功能,本章主要介绍 Word 2016、Excel 2016 和 PowerPoint 2016 三个软件中的相似功能。

3.2　Office 2016 软件的启动与关闭

1. Office 2016 软件的启动

Office 2016 在安装完成后,提供了多种启动方式。最基本的方式是从"开始"按钮进入,Windows 10 的"开始"菜单按照字母顺序排列应用软件,Excel 2016 在"E"组,PowerPoint 2016 在"P"组,Word 2016 在"W"组。另外,也可以从安装后自动出现在屏幕下方任务栏中的图标按钮进入。

2. Office 2016 软件的关闭

关闭一个文件可直接单击界面右上方的"关闭"按钮,或选取"文件"选项卡中的"关闭"选项。若打开多个 Office 2016 文件,只需关闭当前已经打开的全部文件,即可退出 Office 2016。

3.3 文件的新建与保存

"软件"和"文件"是不同的概念。如 Word 是一个文字处理软件,在启动了这个软件后,便可以新建很多个不同名字的 Word 文件,各自记录不同的文字(含图片等)信息,例如可以有一个记录通知信息的 Word 文件,也可以有一个记录奖状信息的 Word 文件。它们在保存后,可以各自独立地被编辑修改。本书给出的各个任务,就是一个一个独立的文件。

3.3.1 新建文件

以文字处理软件 Word 为例,说明 Office 软件中新建一个文件的方式。如图 3-3-1 所示,在"文件"选项卡中,选取"新建"选项,创建空白文档,或利用相应的模板新建文档。

图 3-3-1 在 Office-Word 中新建一个文件

3.3.2 保存文件

在文件(又叫做文档)建立好之后,Office 软件会自动给它一个临时文件名,如"文档 1""工作簿 1""演示文稿 1",如图 3-3-2 所示。用户可以在保存该文档时,将这个临时名字更改为合适的文件名。另一方面,文档建立之后,在编辑的过程中,必须经常保存,才能将新更改的部分存入硬盘中,否则这部分信息会在意外断电或意外退出软件时丢失。

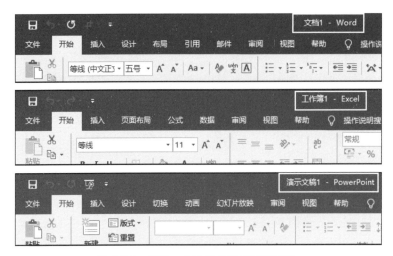

图 3-3-2　Office 中系统给出的临时文件

　　保存文档的方式有多种,在"文件"选项卡中,有"保存"和"另存为"选项,在初次保存时,它们的功能是类似的,都会弹出一个"另存为"窗口,用户需要选择保存路径,并给出文件名,如图 3-3-3 所示。如果用户不给出新的文件名,就按系统默认给定的临时文件名保存。

图 3-3-3　Office-Word 中的"另存为"窗口

但在已保存过后,再次保存时,"保存"和"另存为"的区别较大,如图 3-3-4 所示。前者是指,将当前文件再次保存在初始位置(这时也可以使用"快速访问工具栏"中的保存按钮 ),覆盖旧的文件;而后者说明用户需要将当前的文件改换存储位置,或者改换文件名,这一点需要注意。

图 3-3-4　Office-Word 中保存文件的两种方式

3.3.3　Office 2016 文件的自动保存

为防止因意外退出软件或关机导致文档数据的丢失,Office 各版本都能设置自动保存,在意外关机或退出软件之后再次重新启动 Office 软件时,会产生一个标明了保存时间的可供恢复的文档,单击某个可用文件,就可以恢复到当时保存的文档,从而将意外丢失信息的损失降到最低。设置自动保存的时间间隔在"文件"→"选项"中,如图 3-3-5 所示。

图 3-3-5　Office-Word 设置自动保存的时间间隔

　　系统给出的默认设定是,每间隔 10 分钟自动保存一次,用户也可以自行填入合适的间隔。需要注意的是:这种自动保存只是一种暂时的保存,日常使用中,使用"保存"或"另存为"命令按钮或快捷键来保存文档,才是行之有效的规范方法。

3.4　Office 2016 软件的界面

　　本节将介绍 Office 2016 系列组件界面的相同部分,不同的部分将在后面的章节分别叙述。以 Word 2016 软件界面为例,如图 3-4-1 所示,从上到下的四个区域依次是:标题栏、功能区(选项卡和任务组)、编辑区和状态栏。

图 3-4-1　Office-Word 主窗口界面

3.4.1　标题栏

　　窗口最上方的一栏称为标题栏,双击它可以使当前窗口在最大化和还原状态之间切换,相当于分别单击最大化和还原按钮。标题栏中间显示本文档的文件名,最右侧分别为最大化、最小化、关闭当前文件的按钮;同时,将最常用的保存、撤销操作、取消撤销操作按钮,置于标题栏的最左侧,即"快速访问工具栏",方便用户随时使用。用户还可以根据需要,在这个区域里自行添加更多常用的功能按钮。

3.4.2　功能区的选项卡和任务组

　　Office 2016 的 Word 2016、Excel 2016 和 PowerPoint 2016 功能区的选项卡如图 3-4-2 所示。

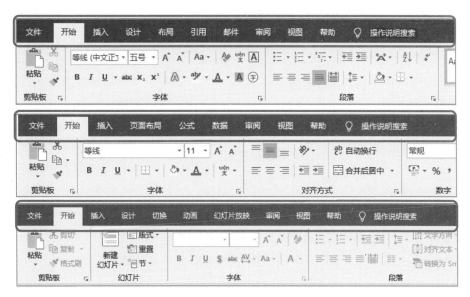

图 3-4-2 Office 2016 软件功能区的主选项卡

每个 Office 2016 组件都大致共有 9～10 个选项卡,每个选项卡内包括若干个任务组,其中包含若干个命令按钮。以图 3-4-3 为例,"字体"功能组集中了字体设置相关的命令按钮。一些选项卡是三个软件都具有的通用功能,在此先针对这些共有功能进行简要概述,对这些功能的具体应用举例,将在后续章节中的任务里详尽描述。

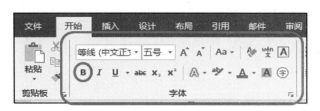

图 3-4-3 Office-Word 选项卡中的任务组和命令按钮

- 文件:这个选项卡内,涉及的功能基本都只与"文件"有关,而与文件中包含的具体图文等信息无关。"文件"相关功能包括:新建、打开、保存或另存一个 Office 文件;对当前文件进行打印和打印设置;对功能区显示的命令按钮进行设置等。
- 开始:这个选项卡中主要包括最基本的文字编辑功能,如字体字型字号的设置、段落行距和间距的设置、项目符号或编号的设置、文本样式的设置、文字的查找和替换、PowerPoint 页的版式设置等功能。
- 插入:用户在使用办公软件的过程中,除了最基本的文字数据外,经常还需要处理表格、图片、形状、公式、特殊符号、声音或视频文件等信息。在"插入"选项卡内,Office 软件集中为用户提供了插入这些数据信息的接口,同时还包括页眉页脚设置等一系列针对整篇文档进行排版设置的功能。

- 审阅：在这个选项卡中，主要提供了拼写检查、字数统计（仅 Word 具有此功能）、批注、繁简体转换等功能。
- 视图：本选项卡提供用户设置浏览本文档的方式，即只是改动其显示形式，以方便用户浏览或修改。
- 帮助：这个选项卡主要提供了用户与微软公司的交互接口，在用户遇到无法解决的问题时，可以联系微软公司进行咨询和求助。

Office 2016 办公软件中 Word 2016、Excel 2016、PowerPoint 2016 除了共有的选项卡，还包括各自独有的选项卡，如下所述，这些内容将在后续对应的各章中分别详细介绍。

- Word 2016 中还包括设计、布局、引用、邮件选项卡。
- Excel 2016 中还包括页面布局、公式、数据选项卡。
- PowerPoint 2016 中还包括设计、切换、动画、幻灯片放映选项卡。

3.4.3　编辑区

这个区域处于界面的主体，范围最大，它是编辑文档时录入文字、图片和表格等数据的区域，可依据实际需要扩展为多页。当新建或编辑已有文档时，总能看到一个闪烁的光标在编辑区内，此处叫做插入点，键盘输入的数据将在此处显示。如图 3-4-4 所示，分别给出了 Word 2016、Excel 2016、PowerPoint 2016 三个软件的编辑区截图。

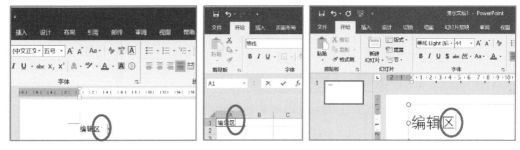

图 3-4-4　Office 2016 软件中的编辑区插入点

3.4.4　状态栏

状态栏位于窗口底部，提供了当前文档的多种信息，通常从左到右依次为当前页数、总页数、当前文本的字数、视图模式、显示比例等，用户右键单击状态栏，还会显示出状态栏的多项可用选项，如图 3-4-5 所示。

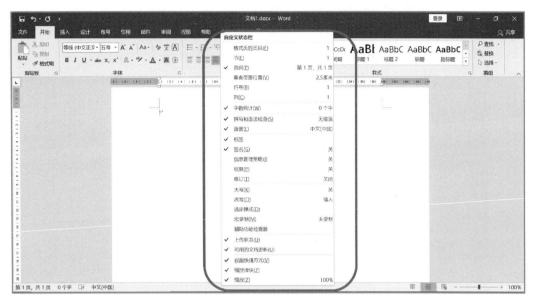

图 3-4-5　Word 2016 中状态栏右键单击后展开的可用项菜单

3.5　文件的打印

在 Office 2016 办公软件中，Word 2016、Excel 2016、PowerPoint 2016 各自均针对不同形态的数据进行编辑和存储，它们的打印形态也各自不同，对打印纸张的要求也有很大区别，在此处先介绍三个软件的共性之打印功能，在后续章节中，将分别详述它们各自的特性。

文档编辑好以后，经过打印预览确定最终效果，就可以直接通过打印机打印到纸介质上，在 Office 2016 办公软件中，单击"文件"选项卡中的"打印"功能按钮，或使用 Ctrl＋P 组合键，就可以进入"打印"设置功能界面，如图 3-5-1 所示。

① "打印"：单击此按钮，可以将最终确定好格式的文档发送到打印机开始打印，一旦单击此按钮后，打印立刻开始，并且不可撤销，因此，须在之前完成一切设置。

② "份数"：用户需要在此设置打印的文档份数。

③ "打印机"：用户在此选定已经安装并且需要使用的打印机。如果当前计算机连接了多台不同型号的打印机或一体机，则在此处可以产生下拉列表，显示所有可用的机型，供用户选择。

④、⑤ "打印范围"和"页数"：当用户不一定需要打印整篇文档，而只需打印其中的部分页码时，可在此处下拉选择"自定义打印范围"，之后再在⑤处输入需打印的页数，如图 3-5-2 所示。

⑥ "单/双面打印"：有时候出于排版的需要，用户会希望将文档在纸张的正反面上依次打印，而非单面打印，则可以在此处的下拉列表里进行对应的选择，如图 3-5-3 所示。

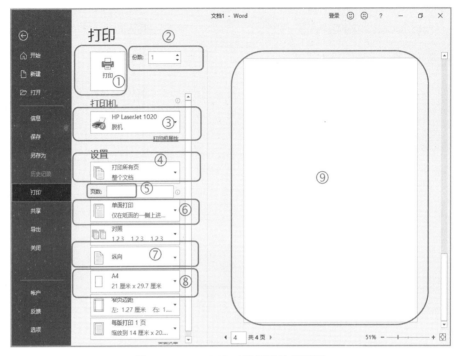

图 3-5-1   Word 2016 的打印功能界面

图 3-5-2   Word 2016 的打印范围和打印页数设置界面

⑦ "纸张方向"：用户可以在此选择将文档内容打印到横向或纵向的纸张上，如图 3-5-4 所示。

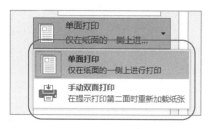

图 3-5-3　Word 2016 的单双面打印设置界面　　图 3-5-4　Word 2016 的纸张打印方向设置界面

⑧"纸张大小"：此处用户可以选择不同的纸张尺寸和纸型，以匹配实际需要，如图 3-5-5 所示。

图 3-5-5　Word 2016 的纸张尺寸设置界面

⑨"打印预览区"：此区域主要提供一个"所见即所得"的文档打印效果，供用户判断文档的格式是否符合要求，并可以做出相应的调整。

第 4 章　Word 2016

4.1　Word 2016 独有的功能选项卡

Word 2016 中有四个独有的功能选项卡,分别为设计、布局、引用、邮件,如图 4-1-1 所示。除此以外,标尺也是 Word 2016 独有的编辑工具。

图 4-1-1　Word 2016 的主界面菜单

4.1.1　四个独有的功能选项卡

1. 设计

该选项卡包含主题、文档格式和页面背景三个分组功能区。主要作用是对 Word 2016 文档格式进行设计和对背景进行编辑。其中"页面背景"里的"水印"和"页面边框"功能较为常用,如图 4-1-2 所示,在本章的操作任务中有应用练习。

图 4-1-2　"设计"选项卡

2. 布局

该选项卡包含页面设置、稿纸、段落、排列等几个分组功能区，主要作用是用于设置 Word 2016 文档中的页面样式。其中"页面设置"和"段落"两部分最为常用，在本章的操作任务中有应用练习，如图 4-1-3 所示。

图 4-1-3　"布局"选项卡

3. 引用

该选项卡包含目录、脚注、引文与书目、题注、索引和引文目录等几个分组功能区，主要作用是用于实现在 Word 2016 文档中插入目录等比较高级的功能。其中"目录""尾注""脚注""题注"几个功能较为常用，在本章操作任务中有应用练习，如图 4-1-4 所示。

图 4-1-4　"引用"选项卡

4. 邮件

该选项卡包含创建、开始邮件合并、编写和插入域、预览结果和完成等几个分组功能区，主要作用是在 Word 2016 文档中进行邮件合并方面的操作，如图 4-1-5 所示。

图 4-1-5　"邮件"选项卡

4.1.2　标尺

标尺是 Word 2016 的一项重要功能，对于文档快速对齐有非常重要的作用，可以用来设置或查看段落缩进、制表位、页面边界和栏宽等信息，如图 4-1-6 所示。

标尺分为水平标尺和垂直标尺，分别针对文档中文字信息的左右缩进和上下边距进行更改，其中水平标尺使用较多。无论是哪一种标尺，均包括灰色部分和白色部分，分别代表

图 4-1-6　Word 2016 中的标尺

"无文字区域"和"有文字区域"。拖动灰白之间的边界,就可以方便地设置页边距;如果同时按下 Alt 键,可以显示出具体的当前页面长度,如图 4-1-7 所示。

图 4-1-7　Alt+拖曳标尺时显示的页面长度信息

具体使用时,可以通过拖动水平标尺上的三个游标(和),方便地设置段落(选定段落、或是光标所在段落)的左缩进、右缩进和首行缩进。比起"段落"对话框,这种方式不仅方便,而且十分直观。另外,双击水平标尺上任意一个游标,都将快速显示"段落"对话框;而双击标尺的数字区域,则可迅速显示"页面设置"对话框。

4.2　Word 2016 的基本功能操作

4.2.1　文本的选择、移动、复制和删除

1. 选择

这看似是一个十分简单的操作,却是学习 Office 软件时最首要的必会操作之一,因为

对文本、图片、形状、表格等进行操作之前都必须选中它们,否则就不知道被操作的对象是谁,也就无法进行操作。

其中,选择一张图片、一个形状(或一块画布)、一张表格的方式是类似的,因为这些数据对象都是"一个"独立的整体,左键单击之就可以选中,但"选择"一个或若干文字(或数字)、或一段或多段文字,就略有不同,既可以用鼠标选中又可以用键盘选中;并且无论用鼠标还是键盘都可以细分为几种方法。

一般情况下,选中文本通常用鼠标,这样速度快一些,但全选时(也就是选中一个文档中的所有文本)使用键盘更快捷;因此,鼠标与键盘选中都应该掌握。

- 选择部分文本:可用鼠标拖选或 Shift 键加"在要选择的文本范围首尾单击"。
- 选择全部文本:可用 Ctrl+A 组合键即可选择整篇文档,已经被选中的文本会有灰黑色反选背景。

2. 移动(剪切+粘贴)

就移动而言,既可以将选中的文本只在本页内移动,也可以从一页移到另一页。在选择了需要移动的文本之后,直接拖曳到要移动的目标位置即可,也可以借助 Ctrl+X 组合键(或"开始"选项卡中的"剪切")和 Ctrl+V 组合键(或"开始"选项卡中的"粘贴")来实现移动。

3. 复制+粘贴

复制的前提是先选择需要复制的文本。若要在同一篇文档中复制时,可以按住 Ctrl 键后进行拖动,放开鼠标时,所选择的文本就会在原始位置和目标位置各生成一份,进而实现复制的效果。

如果需要将这段文本复制到另一个文档中,则可以右键单击选中的文本,在弹出的快捷菜单中选择"复制"选项,再到目标文档的指定位置处同样右键单击,在弹出的快捷菜单中选择"粘贴"选项,如图 4-2-1 所示。

Word 的剪切和复制功能是借助"剪贴板"来实现的,"剪贴板"可以容纳多个项目,可以用来收集和粘贴多个文本项目。如图 4-2-2 所示,当前剪贴板中共有三个可供粘贴的文本、表格等数据选项。

图 4-2-1　右键功能菜单的复制、粘贴功能

图 4-2-2　剪贴板

4. 删除

按键盘上的退格键 Backspace 可以删除当前光标插入点之前的一个字符,按 Delete 键可以删除插入点之后的一个字符,如果要删除更多的内容,可以先选择要删除的文本,再按Delete 键将之删除。

4.2.2　表格的选择、移动、复制和删除

一张表格就是一个整体,可以一次选中整个表格,包括表格中的内容。选中整个表格后,就可以移动、复制和删除。复制表格也像复制普通文本一样,既可以在本文档内复制,又可以从一个文档复制到另一个文档。删除表格既可以只删除表格的所有内容,又可以把内容和表格一同删除。

1. 选择

把鼠标移到表格上,其左上角立即出现一个小正方形,并在这个小正方形中有一个由双箭头组成的十字型手柄按钮,如图 4-2-3 所示。这时单击这个按钮,当前这张表格就已被选择,整张表变为灰黑色背景,如图 4-2-4 所示。

图 4-2-3　表格的手柄

图 4-2-4　表格已被选中

2. 移动

如图 4-2-5 所示,把鼠标移到左上角的小图标上,鼠标变成一个带四个箭头的十字架(截图无法显示),按住左键并在文本编辑区移动鼠标,表格便被移动,同时产生一个方框形的标记,提醒用户它的当前位置。到达目标位置后,用户放开左键,则表格被移到此处。

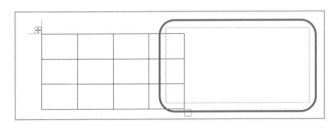

图 4-2-5　移动表格时的位置提示

注意:如果表格的移动超出了文档页面的宽度,表格并不会被移到目标位置,只是少许移动,移动的同时把整个表格调到了页面内,再次移动就会移到目标位置。

3. 复制

表格的复制方式与文本复制操作相同,此处不再赘述。

4. 删除

选择要删除的表格,按 Delete 键,则只是表格的所有内容被删除,表格的边框还在。要真正删除整个表格,方法有三种。

- 右键单击选中的表格,在弹出的快捷菜单中选择"删除表格",如图 4-2-6 所示。
- 选中表格,在弹出的子功能窗口中选择"删除"→"删除表格"选项,如图 4-2-7 所示。

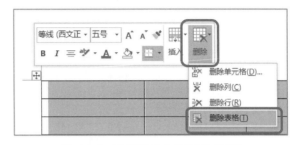

图 4-2-6　右键菜单"删除表格"　　　　　　图 4-2-7　表格菜单中的"删除表格"

- 选择"表格工具"中的"布局"选项卡中的"删除"→"删除表格"选项,则整个表格被删除,如图 4-2-8 所示。

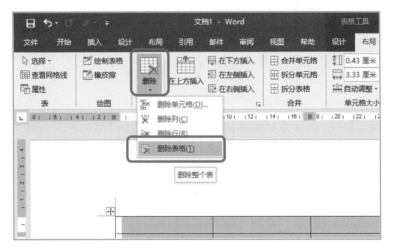

图 4-2-8　布局选项卡中的"删除表格"

4.2.3　形状的选择、移动、复制和删除

形状是一种很独特的数据信息,它不同于文本、图片和表格,是较为独立的信息元素,在一些指定的场合非常有用,如绘制流程图或排版特效时。

在 Word 2016 中,图形形状有八种类型,分别为:线条、矩形、基本形状、箭头总汇、公式形状、流程图、星与旗帜和标注。每类下面又有若干种形状,它们几乎囊括了常用的图形,如果需要什么图形,选择它就能插入到文档中,十分便利。

注意:图形形状既可以独立地插入到文档中,又可以插入到绘图画布中。二者的区别在于:如果在文档的某处要插入多个图形形状,最好把它们插入到同一个绘图画布中,这样方便排版和整体删除;若只需插入一个图形形状就不必,可以直接将之插入到文档中的指定位置。

如图 4-2-9 所示,"形状"功能按钮展开的面板中除了包括八种类型外,最上面还列出"最近使用的形状"。这主要是方便选择,每当我们选择一种形状后,这种形状就会排到"最近使用的形状"的第一位,以方便下次使用。

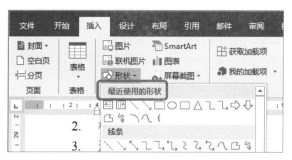

图 4-2-9　最近使用的形状

1. 把图形形状独立插入到文档中

步骤 1:在"插入"选项卡中,单击"形状"功能按钮,在弹出的形状中选择所需要的一种,如"圆角矩形",如图 4-2-10 所示。

步骤 2:之后鼠标会变为粗体" ＋ "形状,在要插入形状的位置按住鼠标左键,向右下或其他方向拖曳,放手时则完成了绘制,一个圆角矩形就插入到文档中,如图 4-2-11 所示。

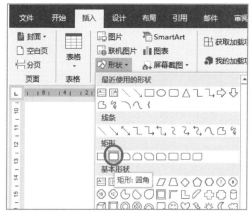

图 4-2-10　"圆角矩形"形状

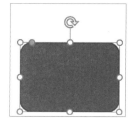

图 4-2-11　成功插入文档的圆角矩形

2. 把图形形状插入到绘图画布中

把光标定位到要绘制画布的位置，单击"形状"，在弹出的菜单中选择最下面的"新建画布"，如图 4-2-12 所示。

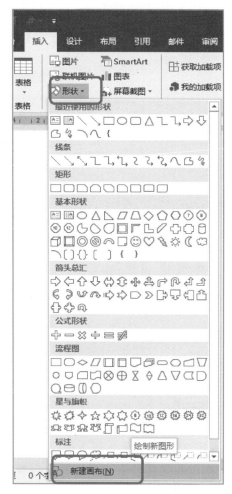

图 4-2-12　新建画布

绘图画布插入到文档后，如图 4-2-13 所示，生成的画布恰好与文档编辑区是同样宽度，接下来就可以在里面插入形状了。

注意：内置的形状只有椭圆，没有正圆，所以绘制正圆时选择椭圆后先按住 Shift 键。同理绘制"等边的三角形"或"水平的直线"也一样，都需在选择三角形、直线之后，按下 Shift 键的同时去绘制。

3. 在文档中删除图形形状

对于单个形状，只需选中它，按 Delete 键就能将之删除。对于绘图画布中的图形，如果要删除画布中的一个形状，与上面的删除方法相同；如果要删除全部，则需要选中绘图画布，按 Delete 键，会把整张画布连同其内部的所有形状一起删除。

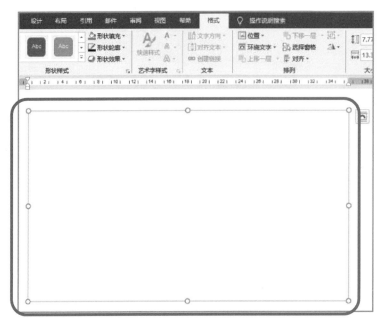

图 4-2-13　画布插入文档后的外观

4.2.4　格式刷的使用

格式刷有点像 PhotoShop 中的图章功能,去图片中的某一处印一印,就能把一处的图案印到另一处。格式刷的应用范围更广,不只是适合于图片格式的复制,对于文本也可以。只要在一些文字上刷一刷,就能把这些文字的格式刷到另一些文字上,其实就是把一些文字的格式应用到另一些文字上。

格式刷能有效地减少重复工作,从而提高工作效率。例如,文章的标题通常都采用同一格式,设计好一个标题后,用格式刷把这种格式刷到其他标题上即可。这是一个非常有用的功能。

图 4-2-14　格式刷

首先确定一行或一段目标格式文本(或图片),并考虑好将其格式应用到哪些其他文本(或图片)上。具体操作如下:先选择这些具有目标格式的文本,之后单击"开始"选项卡格中的"格式刷"按钮,如图 4-2-14 所示,这时鼠标会变为格式刷形状,再用鼠标去刷过那些需要应用该格式的文字即可,之后鼠标将自动回复原状。

如果有多处不连续的目标文本,则需双击"开始"选项卡中的"格式刷"按钮,再去多次刷目标文字即可。

若想退出格式刷功能,可以再次单击"开始"选项卡中的"格式刷"按钮,这时鼠标会变为原始形状,也可以按下 Esc 键来实现同样的效果。

4.3　Word 2016 独有的打印设置

4.3.1　设置文字方向

一篇文档中文字的方向默认总是"从左到右、从上到下"的顺序自动排列的,纸张的方向则默认是短边在上的长方形,即为纵方向,如图 4-3-1 所示。而在另一些情况下,需要做出相反的设置,如将纸张横向摆放(即长边在上),或者将文字设置为"从上到下、从右到左"的模式,以与之配合。

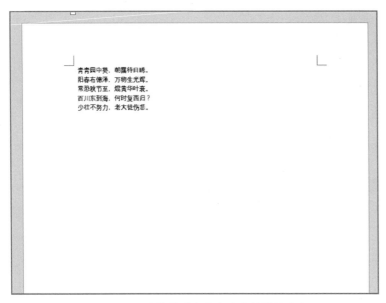

图 4-3-1　纸张的默认方向和文字的默认方向

纸张的方向和文字的方向设置,都可以在"打印"功能中实现。其中"纸张横向"已经在第 3 章中给出操作方法。设置文字方向的方法是,在"打印"界面中,单击"页面设置"(在"布局"选项卡中,选择"页面设置"也可以得到等效的功能),如图 4-3-2 所示。

在"页面设置"的"文档网格"选项卡中,就可以设定文字排列的方式,如图 4-3-3 所示,对选择的文本进行设置,得到的效果如图 4-3-4 所示。

4.3.2　设置每版打印页数

这是 Word 216 独有的打印设置,正常情况下的打印,常是一版一页,即"所见即所得",用户在电脑上录入的电子数据,每一页在打印出来之后,就铺满一张打印纸。实际情况可能会有不同的需要,例如考虑到节省纸张或实际文字较为稀疏、字号较大、多页文档实际上打

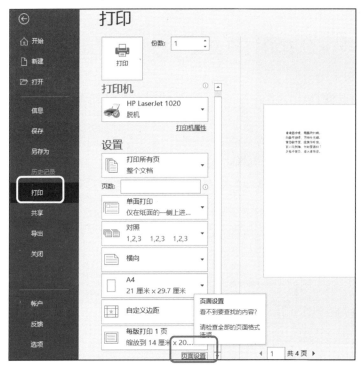

图 4-3-2   通过打印界面打开页面设置

图 4-3-3   在"文档网格"选项卡中设置文字方向

图 4-3-4 纸张为横向同时文字为垂直方向的设置效果

印在一张打印纸上也不影响阅读,用户就会考虑这样的设置。

在"打印"界面中,选择"每版打印页数"下拉菜单,选择对应需要的页数即可,如图 4-3-5 所示。

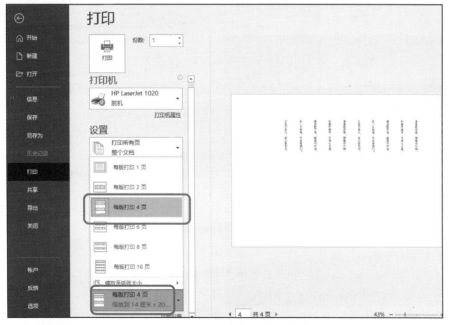

图 4-3-5 设置每版打印页数

4.4　本章任务

4.4.1　任务1——文档基础排版

1. 任务描述

本任务的操作对象共 2 页,具体知识点包括:文字着重号、段前后距、页眉页脚、分栏、页边距、图片水印、文本替换、文本转换成表格、表格的格式设置等。

2. 任务实现

操作步骤如下。

步骤 1:准备工作。

具体操作:建立一个空白 Word 文档,并保存为指定文件名"任务 4.1"。将原始文字复制到本文档。本任务的原始文字即"奥运会的由来"原文,这是一篇描述奥运会历史和时序表的常识性介绍文字。

步骤 2:将标题文字设置为指定格式。

具体操作:选中标题文字"奥运会的由来",如图 4-4-1 所示,将之设置为小二号、黑体、居中,如图 4-4-2 所示。

图 4-4-1　选中要修改的文字

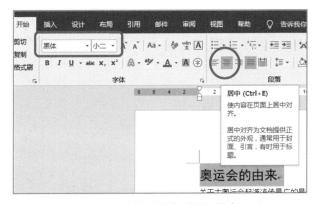

图 4-4-2　设置字体、字号、居中

单击"字体"按钮,如图 4-4-3 所示,在弹出的对话框中选择着重号,如图 4-4-4 所示。

步骤 3:为第一段文字添加均等两栏的分栏效果,并添加分隔线。

具体操作:选中第一段文字,单击"布局"选项卡中的"栏"按钮,下拉选择其中的"更多栏",如图 4-4-5 所示。在弹出的对话框中单击"两栏"按钮,并勾选"分隔线",如图 4-4-6 所示,设置分栏成功后的段落如图 4-4-7 所示。

步骤 4:为第二段文字设置段前后间距。

具体操作:选中第二段文字,单击"开始"选项卡的"段落设置"按钮,如图 4-4-8 所示。

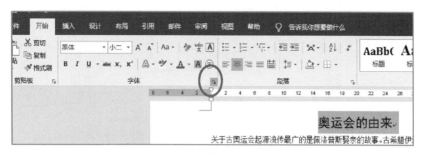

图 4-4-3　展开"字体"功能界面的按钮

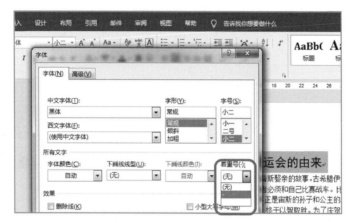

图 4-4-4　添加着重号

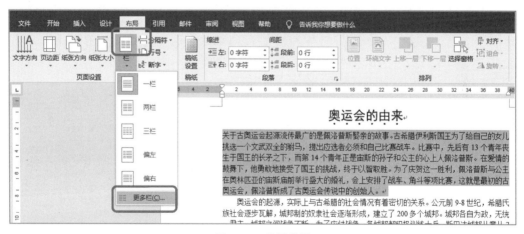

图 4-4-5　设置分栏

　　在弹出的对话框中,将"间距"中的"段前"和"段后"都设置为 0.5 行,如图 4-4-9 所示。设置成功后的效果如图 4-4-10 所示。

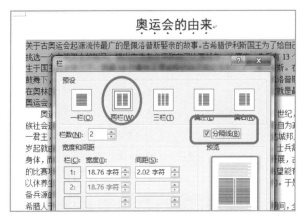

图 4-4-6　两栏及分隔线的设置

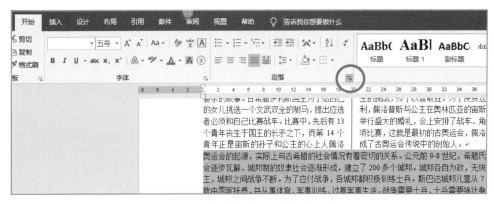

图 4-4-7　分栏后的文字

图 4-4-8　展开"段落"功能界面的按钮

　　步骤 5：在文档中的指定段落实现文本替换。将最后一段内的所有"奥林匹克"替换为"Olympic"。

　　具体操作：先选中最后一段(从"随着奥林匹克运动的发展",到"闭幕式时火焰熄灭。")，再单击"开始"选项卡最右侧的"替换"按钮，如图 4-4-11 所示。

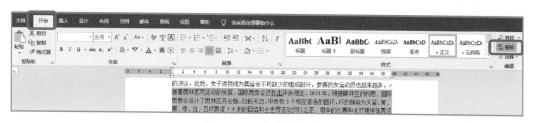

图 4-4-9　段前、段后间距设置

个青年丧生于国王的长矛之下，而第 14 个　　　项比赛，这就是最初的古奥运会，佩洛普斯
青年正是宙斯的孙子和公主的心上人佩洛　　　成了古奥运会传说中的创始人。

奥运会的起源，实际上与古希腊的社会情况有着密切的关系。公元前 9-8 世纪，希腊氏族社
会逐步瓦解，城邦制的奴隶社会逐渐形成，建立了 200 多个城邦。城邦各自为政，无统一君
主，城邦之间战争不断。为了应付战争，各城邦都积极训练士兵。斯巴达城邦儿童从 7 岁起
就由国家抚养，并从事体育、军事训练，过着军事生活。战争需要士兵，士兵需要强壮身体，
而体育是培养能征善战士兵的有力手段。战争促进了希腊体育运动的开展，古奥运会的比赛
项目也带有明显的军事烙印。连续不断的战事使人民感到厌恶，普遍渴望能有一个赖以休养
生息的和平环境。后来斯巴达王和伊利斯王签订了"神圣休战月"条约。于是，为准备兵源
的军事训练和体育竞技，逐渐变为和平与友谊的运动会。

希腊人于公元前 776 年规定每 4 年在奥林匹克举办一次运动会。运动会举行期间，全希腊选

图 4-4-10　设置段前、段后间距的效果

图 4-4-11　文本替换功能

　　在弹出的对话框中，将"查找内容"设置为"奥林匹克"，"替换为"设置为"Olympic"，再
单击"全体替换"按钮，如图 4-4-12 所示。

　　注意：替换成功后，会弹出对话框，如图 4-4-13 所示，询问"是否搜索文档的其余部分？"
一定要选"否"，若选了"是"，则会自动将全文中其他段落中的"奥林匹克"都替换为
"Olympic"，则不符合题目要求。

图 4-4-12　替换文本

图 4-4-13　搜索文档余下部分

步骤 6：为整篇文档加上页眉。

具体操作：无需预设光标位置，单击"插入"选项卡中的"页眉"→"编辑页眉"按钮，如图 4-4-14 所示。

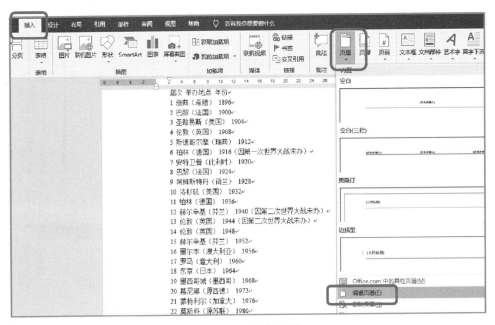

图 4-4-14　编辑页眉

光标进入页眉区域，默认居中位置，如图 4-4-15 所示，这时输入页眉文字"Olympic Games"，再单击"关闭页眉和页脚"按钮，如图 4-4-16 所示。

步骤 7：为整篇文档加上图片水印。

具体操作：无需预设光标位置，单击"设计"选项卡中的"水印"→"自定义水印"按钮，如图 4-4-17 所示。

在弹出的对话框中选择"图片水印"，如图 4-4-18 所示。

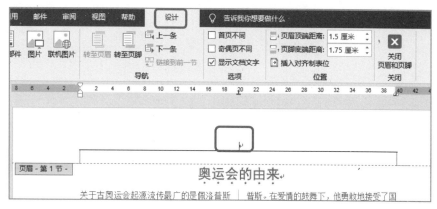

图 4-4-15　页眉编辑状态

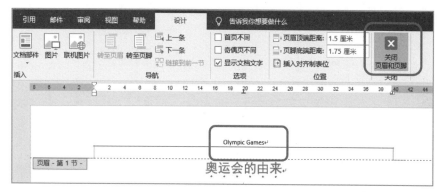

图 4-4-16　编辑页眉之后关闭页眉和页脚

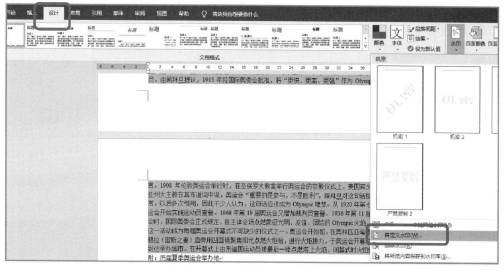

图 4-4-17　设置自定义水印

图 4-4-18　选择"图片水印"

单击"选择图片"按钮,在弹出的"插入图片"对话框中选择"从文件",如图 4-4-19 所示。在指定的路径下找到目标图片,插入到文档中,如图 4-4-20 所示。此外勾选"冲蚀"效果,如图 4-4-21 所示。

图 4-4-19　插入图片的具体操作

图 4-4-20　选择要作为水印插入的图片

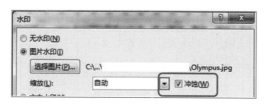

图 4-4-21 设置图片水印的冲蚀效果

步骤 8：将部分文本转为表格形式，并设置表格的宽度。

具体操作：选择文本末尾的附文（从"届次举办地点年份"到"30 伦敦（英国）2012"）。

单击"插入"选项卡的"表格"→"文本转换成表格"按钮，如图 4-4-22 所示，在弹出的对话框中，将"列数"改为 3 列，如图 4-4-23 所示。

图 4-4-22 文本转换成表格

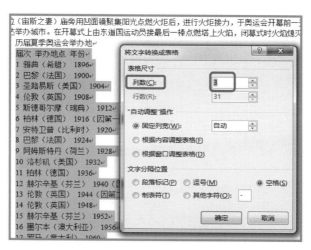

图 4-4-23 表格的行列数设置

文本转换成表格后的效果如图 4-4-24 所示。

届次	举办地点	年份
1	雅典（希腊）	1896
2	巴黎（法国）	1900

到达举办城市。在开幕式上由东道国运动员接最后一棒点燃塔上火焰，闭幕式时火焰熄灭。
附：历届夏季奥运会举办地

图 4-4-24　文本转换成表格后的效果

如图 4-4-25 所示，先选中表格的第一列，在"表格工具"选项卡的"布局"子选项卡中，将列宽设为 3 厘米，设置后的效果如图 4-4-26 所示。

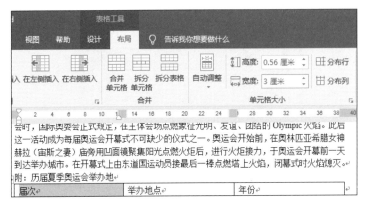

图 4-4-25　设置表格某列的列宽

会时，由际奥委会正式规定，在土体会场点燃征光明、友谊、团结的 Olympic 火焰。此后这一活动成为每届奥运会开幕式不可缺少的仪式之一。奥运会开始前，在奥林匹亚希腊女神赫拉（宙斯之妻）庙旁用凹面镜聚集阳光点燃火炬后，进行火炬接力，于奥运会开幕前一天到达举办城市。在开幕式上由东道国运动员接最后一棒点燃塔上火焰，闭幕式时火焰熄灭。
附：历届夏季奥运会举办地

届次	举办地点	年份
1		
2		
3		
4	伦敦（英国）	1908
5	斯德哥尔摩（瑞典）	1912
6	柏林（德国）	1916（因第一次世界大战未办）
7	安特卫普（比利时）	1920
8	巴黎（法国）	1924
9	阿姆斯特丹（荷兰）	1928
10	洛杉矶（美国）	1932
11	柏林（德国）	1936
12	赫尔辛基（芬兰）	1940（因第二次世界大战未办）

图 4-4-26　设置完毕后的效果

接下来用同样的方法，选中第 2、3 两列，将其列宽都设为 6 厘米，如图 4-4-27 所示。

步骤 9：设置表格的文字和底纹等属性。

具体操作：单击表格左上角的手柄，选中整张表，如图 4-4-28 所示。

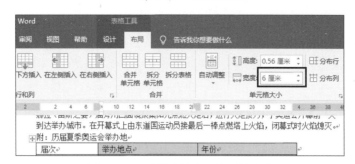

图 4-4-27　设置表格余下各列的宽度

图 4-4-28　通过表格手柄选中整张表格

在"表格工具"选项卡的"设计"子选项卡中，将"底纹"的颜色设置为浅蓝色，如图 4-4-29 所示。再在"表格工具"选项卡的"布局"子选项卡中，将"对齐方式"设置为"水平居中"，如图 4-4-30 所示。

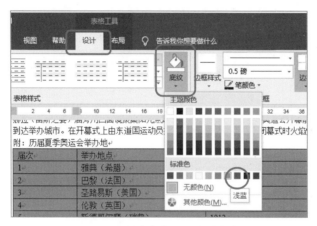

图 4-4-29　为表格设置底纹颜色

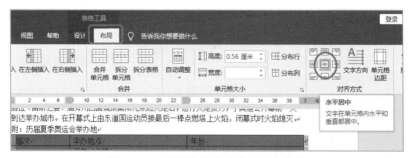

图 4-4-30　设置表格内文字的对齐方式

步骤 10：为全文的页边距做简单修改。

具体操作：无需预设光标位置，单击"布局"选项卡的"页边距"→"自定义页边距"按钮，如图 4-4-31 所示，在弹出的对话框中，设置页边距的左、右边距均为 2.2 厘米，上、下边距均为 3 厘米，如图 4-4-32 所示。

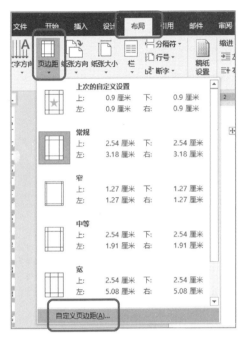

图 4-4-31　设置文档的页边距

图 4-4-32　页边距的具体设置

4.4.2　任务 2——图文混排

1. 任务描述

本任务的操作对象共 1 页，具体知识点包括：文字下画线、首行缩进、页面边框、项目符号、首字下沉、插入特殊符号、插入图片及图片环绕方式等。

2. 任务实现

操作步骤如下。

步骤 1：准备工作。

具体操作：建立一个空白 Word 文档，保存为指定文件名"任务 4.2"。将原始文字复制到本文档。本任务的原始文字即"冰岛"原文，这是一篇描述冰岛地理和人文特征的常识性介绍文字。

步骤 2：将标题文字设置为指定格式。

具体操作：选中标题文字"冰岛——冰火之岛"，如图 4-4-33 所示，设置为三号、华文行楷、居中，如图 4-4-34 所示，设置成功后效果如图 4-4-35 所示。

图 4-4-33　选中要修改格式的文字

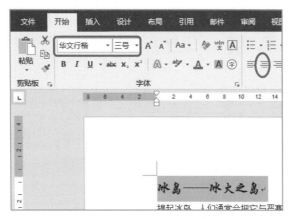

图 4-4-34　设置字体、字号和居中显示

图 4-4-35　设置成功后的效果

再单击"字体"按钮,如图 4-4-36 所示,在弹出的对话框中的"下画线线型"中选择"波浪下画线",如图 4-4-37 所示。

图 4-4-36　展开"字体"功能界面的按钮

图 4-4-37　设置波浪型下画线

步骤 3：将正文中各段文字设置为首行缩进 2 字符。

具体操作：选中正文全文，单击"段落设置"按钮，如图 4-4-38 所示。在弹出的对话框中的"特殊格式"下拉菜单选项中选择"首行缩进"，其后的缩进值为"2 字符"，如图 4-4-39 所示。

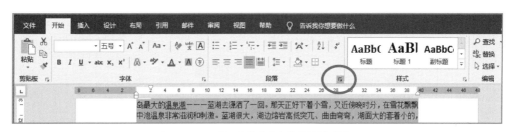

图 4-4-38　展开"段落"功能界面的按钮

步骤 4：给整篇文档设置页面边框。

图 4-4-39　设置段落首行缩进

　　具体操作：无需预先选中任何文字，单击"设计"选项卡的"页面边框"按钮，如图 4-4-40 所示。

图 4-4-40　进入页面边框功能界面

　　在弹出的对话框中，选择"页面边框"中的"阴影"，如图 4-4-41 所示。

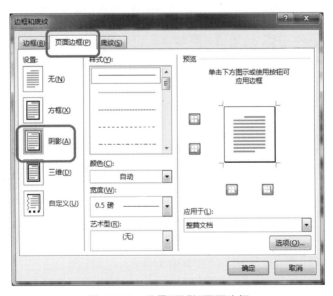

图 4-4-41　设置"阴影"页面边框

步骤 5：给文档中的几个小标题行，统一设置项目符号和指定字体格式。

具体操作：小标题行分别为："火山活动频繁""间歇泉堪称世界奇观"和"87％的家庭用温泉洗澡"共三行。先选中其中第一行"火山活动频繁"，再按住 Ctrl 键的同时，选中余下两行，如图 4-4-42 所示；然后在"开始"选项卡中，选择项目符号中的◆符号，如图 4-4-43 所示；再设置为小四号、宋体、加粗，如图 4-4-44 所示。

图 4-4-42　同时选中多行文字

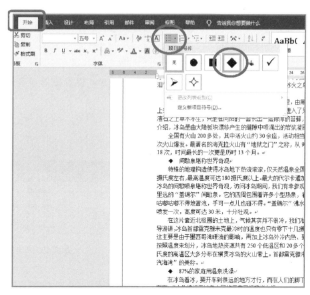
图 4-4-43　一次性设置指定的项目符号

图 4-4-44　为这些段落设置字体、字号和加粗效果

步骤 6：将正文的第一个字"提"设置为首字下沉，下沉行数为 2 行。

具体操作：让光标在第一段之内，之后单击"插入"选项卡中的"首字下沉"按钮的下拉三角按钮。在展开的菜单中，选择最后一项"首字下沉选项"，如图 4-4-45 所示。

在弹出的对话框中单击"下沉"按钮，在下方的"下沉行数"中输入 2，如图 4-4-46 所示，设置成功后效果如图 4-4-47 所示。

步骤 7：在全文结尾添加空心五角星符号☆。

具体操作：将光标置于全文结尾处，如图 4-4-48 所示。再单击"插入"选项卡中的"符号"按钮的下拉三角按钮,选择"其他符号",如图 4-4-49 所示。

图 4-4-45　进入首字下沉的设置界面

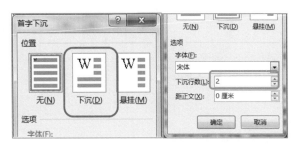

图 4-4-46　选择"下沉"效果并设置下沉的行数

图 4-4-47　下沉效果

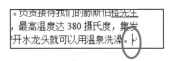

图 4-4-48　光标定位

图 4-4-49　插入其他符号

在弹出的对话框中,选择"普通文本"字体和"其他符号"子集,在其中选择空心五角星,单击"插入"按钮,如图 4-4-50 所示。

步骤 8:在正文的指定位置插入图片,做缩放和简单的排版。

具体操作:将光标置于第 7 段"在这片靠近北极圈……'蒸汽海湾'的美称。"末尾,单击"插入"选项卡的"图片"按钮,如图 4-4-51 所示。在弹出的对话框中找到指定的图片并插入,如图 4-4-52 所示。

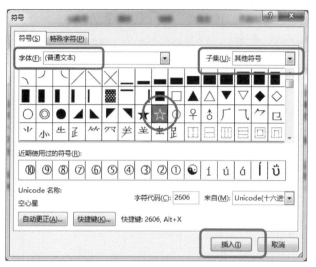

图 4-4-50　选择要插入的符号

图 4-4-51　在文档中插入图片

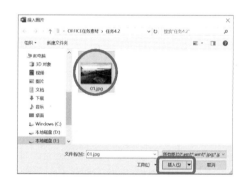

图 4-4-52　选定要插入的图片

之后，单击已插入的图片，在"格式"选项卡中单击"高级版式：大小"按钮，如图 4-4-53
所示。

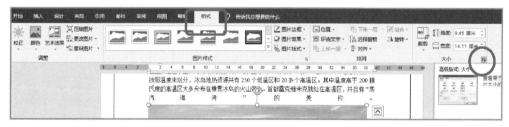

图 4-4-53　为插入的图片设置大小

在弹出的对话框中，将缩放的高度、宽度都改为 50％，如图 4-4-54 所示。

再将该图片的"环绕文字"设置为"紧密型环绕"，如图 4-4-55 所示。"对齐"设置为"左
对齐"，如图 4-4-56 所示。

图 4-4-54　设置插入图的具体显示比例

图 4-4-55　设置图片的环绕格式

图 4-4-56　设置图片的对齐方式

最终效果如图 4-4-57 所示。

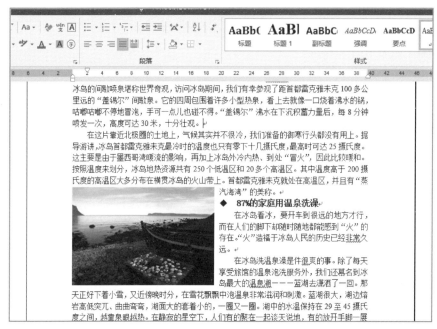

图 4-4-57　最终效果

4.4.3　任务 3——文档的封面、目录与脚注编辑

1. 任务描述

本任务的操作对象共 7 页,包含封面页、目录页和 5 页正文。具体知识点包括:字体字号、行距段距等设置;简单的图文混排、分页、边框、封面、目录、脚注等。

2. 任务实现

操作步骤如下。

步骤 1:准备工作。

具体操作:建立一个空白 Word 文档,保存为指定文件名"任务 4.3"。将原始文字复制到本文档。本任务的原始文字即正文的五首诗词,包括标题、内容、作者信息。

步骤 2:将每首诗的标题文字设置为指定样式。将标题设置为指定格式。

具体操作:选中第一首诗词的标题"第×首×××",如图 4-4-58 所示。再单击"开始"选项卡中的"样式"中的"标题 1"样式,如图 4-4-59 所示。

如图 4-4-60 所示,单击"样式"的扩展按钮,展开"样式"扩展功能。

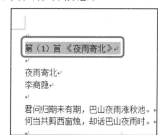

图 4-4-58　选中待修改格式的文字

图 4-4-59　将之设置为标题 1

图 4-4-60　展开"样式"功能界面的按钮

单击标题 1 右侧的下拉按钮,在展开的菜单中选择修改,如图 4-4-61 所示。

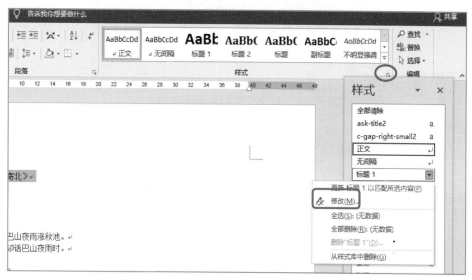

图 4-4-61　修改样式

在"修改样式"对话框中,更改字体为黑体、字号为三号、对齐方式为左对齐。单击确定,如图 4-4-62 所示。

关闭右侧"样式"窗口。再将余下几首诗的标题也设置为"标题 1"样式。

步骤 3:更改每首诗的字体、字号、颜色、段落居中和段间距。

具体操作:选中第一首诗的全部内容,如图 4-4-63 所示。在"开始"选项卡中,设置字体为"华文行楷",字号为"小二",如图 4-4-64 所示。

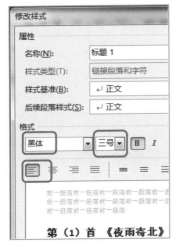

图 4-4-62　将之前选定的样式 1 的格式改为指定的值

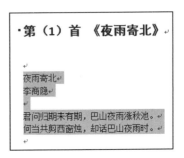

图 4-4-63　选中待修改格式的文字

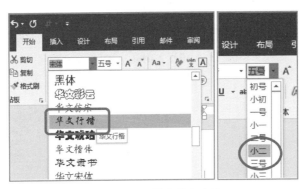

图 4-4-64　设置字体和字号

再将这些文字的颜色设置为深蓝色,如图 4-4-65 所示。

最后,单击"段落设置"按钮,如图 4-4-66 所示,将对齐方式设置为"居中",将段间行距设置为 2 倍,如图 4-4-67 所示。

再通过格式刷,对其后的每一首诗做同样的更改:先选中第一首诗的全部文字,双击"开始"选项卡中的"格式刷"按钮,鼠标变为刷形,再用鼠标分别选中余下的各首诗的全部文字,让它们具有同样的格式效果,全部操作完成后,再次单击"格式刷"按钮,恢复鼠标。

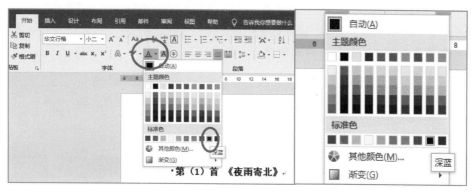

图 4-4-65　修改文字的颜色为指定颜色

图 4-4-66　展开"段落"功能界面的按钮

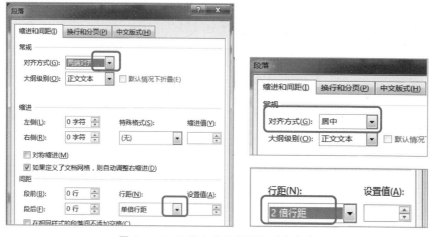

图 4-4-67　设置文字的行距和对齐方式

步骤 4：为每首诗添加对应的插图，并修改图片尺寸。

具体操作：让光标焦点位于第一首诗正文的下一行，如图 4-4-68 所示，选择"插入"选项卡，选择"图片"按钮，如图 4-4-69 所示。

在弹出的窗口中找到对应图片，并插入到文档中，将图片的高度和宽度修改为 12 厘米，如图 4-4-70 所示。

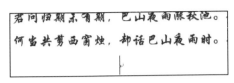

图 4-4-68　光标定位

图 4-4-69　插入图片

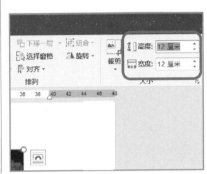

图 4-4-70　选中指定的图片，并对其尺寸进行修改

再对其后的每一首诗做同样的修改。

步骤 5：在每首诗后插入分页符，使每首诗单独一页。

具体操作：为了使第一首诗单独一页，让光标焦点位于第二首诗的开头，如图 4-4-71 所示。单击"插入"选项卡中的"分页"按钮，如图 4-4-72 所示。

图 4-4-71　光标定位

图 4-4-72　插入分页符

在其后的每首诗前都这样插入分页符，使每首诗单独一页。

步骤 6：为整篇文档设置指定宽度的艺术型页面边框。

具体操作：无需指定光标位置，单击"设计"选项卡中的"页面边框"按钮，如图 4-4-73 所示。

图 4-4-73　设置页面边框

在"页面边框"选项卡中,选择"艺术型"边框中的蓝色飞燕边框。再将宽度由默认值 31 磅改为 20 磅,如图 4-4-74 所示。

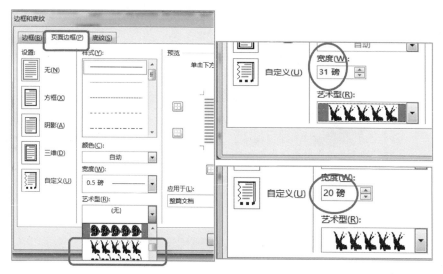

图 4-4-74　选中艺术型页面边框,并对其细节进行设置

步骤 7:为整篇文档添加指定形式的封面和指定字体、字号的标题和副标题。

具体操作:无需指定光标位置,单击"插入"选项卡中的"封面"按钮,选择"切片(深色)",如图 4-4-75 所示。插入成功后的效果如图 4-4-76 所示。

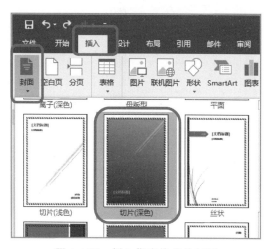

图 4-4-75　插入指定格式的封面

图 4-4-76　插入后的封面效果

再在封面页中的"标题"处,输入"古诗集",设置为 48 磅,幼圆字体;副标题为"学号姓名",设置为 28 磅,黑体,如图 4-4-77 所示。

步骤 8:为整篇文档加上指定形式的目录,并设置目录的格式。

具体操作:让光标焦点位于第一首诗之前,单击"引用"选项卡中的"目录"按钮。选择

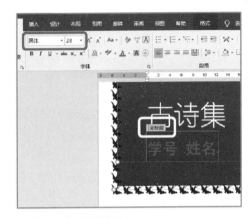

图 4-4-77　编辑封面的标题和副标题，并设置格式

"自动目录 1"，如图 4-4-78，生成目录如图 4-4-79 所示。

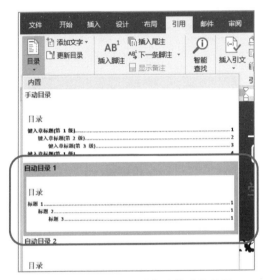

图 4-4-78　为全文设置指定格式的目录

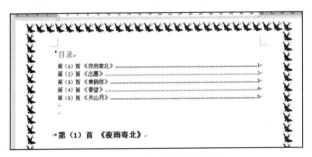

图 4-4-79　生成的目录效果

在第一首诗之前再次插入分页符,使得目录页单独占一页。接下来修改目录的格式,文字"目录"设置为一号华文行楷、居中;目录内容文字设置为四号黑体。修改方式如前,设置成功后的效果如图 4-4-80 所示。

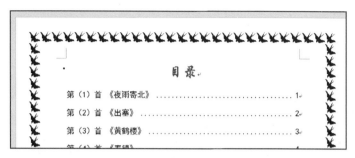

图 4-4-80　目录的文字格式修改效果

步骤 9:为每一首诗的作者加上指定的脚注。

具体操作:光标焦点位于第一首诗的作者名后,如图 4-4-81 所示,单击"引用"选项卡的"插入脚注"按钮,如图 4-4-82 所示。

图 4-4-81　光标定位

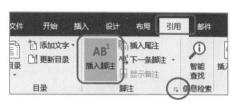

图 4-4-82　插入脚注

在"自定义标记"处,输出"＊",则脚注处的标记为"＊"。在页尾的脚注处输入"唐朝诗人",如图 4-4-83 所示。再给余下几首诗的作者加上同样的脚注。

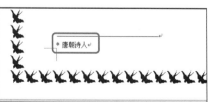

图 4-4-83　将脚注设置为指定的标记和指定文字

4.4.4　任务 4——公式的编辑

1. 任务描述

本任务涉及 Word 公式编辑功能,建议教学时可与其他任务结合,不作为单独的任务。

2. 任务实现

操作步骤如下。

方式 1：常见常用的公式,直接使用系统提供的模板。

插入公式的方式是单击"插入"选项卡的最右侧"公式"按钮,如图 4-4-84 所示。

图 4-4-84　插入公式

之后会看到展开的菜单中,上半部分是系统提供的最常见公式的模板,只需单击对应的公式,再修改公式内的每一个参数,如图 4-4-85 所示。

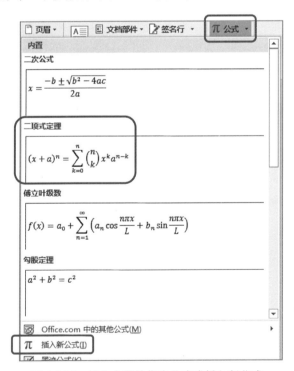

图 4-4-85　插入内置的指定公式或插入新公式

以二项式定理公式为例,插入后如图 4-4-86 所示。

如需更改参数,则在对应参数位置之后单击鼠标,用回格键 Backspace 删除该参数,输入新参数。过程分别如图 4-4-87 和图 4-4-88 所示。

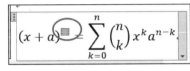

图 4-4-86　内置的二项式定理公式　　　　图 4-4-87　修改参数前的光标定位

图 4-4-88　对参数的修改

公式中的任何参数均可用这一方式进行修改。

方式 2:完全自己编辑。

当任务是一个全新的公式时,选择图 4-4-85 中的"插入新公式"菜单项。得到 在此处键入公式。 与此同时,选项卡组中出现"设计"选项卡,如图 4-4-89 所示。其中含有编辑公式所需的组成素材:函数、数字、运算符、特殊符号、特殊字母等。

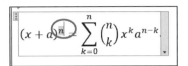

图 4-4-89　公式的"设计"选项卡

下面以一个较为复杂的数学公式为任务,描述生成这个公式的过程。

步骤 1:本任务要求编辑一个数学公式,如图 4-4-90 所示。先观察公式的整体结构。

$$\lim_{x \to \infty} \frac{a_0 x^m + a_1 x^{m-1} + \cdots + a_m}{b_0 x^n + b_1 x^{n-1} + \cdots + b_n} = \begin{cases} \dfrac{a_0}{b_0}, & \text{当 } n = m \\ 0, & \text{当 } n > m \\ \infty, & \text{当 } n < m \end{cases}$$

图 4-4-90　目标公式

注意:不可以只是按顺序输入当前的字母、数字或运算符,因为一个参数和其后参数或运算符的关系,是有数学规则的,并非仅仅是先后的顺序关系。只有明确了公式中参数的关系,然后在系统提供的函数或对应关系中,找出相应的函数或关系,插入合适的位置,再修改参数,才能得到正确的公式。

具体操作：上面的公式较为复杂。其中等号之前是一长串极限函数,等号之后是一个三分段函数。首先输入公式的前半部分,先在"极限和对数"按钮的下拉菜单中选择"极限"。如图 4-4-91 所示。

图 4-4-91　选择内置的极限公式

步骤 2：继续拆解公式的每个元素,在对应位置输入对应内容。

具体操作：要输入任何参数,都需要在对应位置上先单击鼠标左键,将该区域变为浅灰蓝色的反选状态,如图 4-4-92 所示。再插入对应的数据信息。先输入字母"x",再输入"→""∞"符号。这些符号都包含在"符号"的"基础数学"中,分别如图 4-4-93 和图 4-4-94 所示。

图 4-4-92　选定要修改的区域

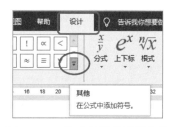

图 4-4-93　修改极限的下限参数

输入后状态如图 4-4-95 所示,接着右移光标。继续输入,后面的公式内容从整体结构上看是一个"分式",在"分式"按钮的下拉菜单中选择"分式(竖式)"。如图 4-4-96 所示。

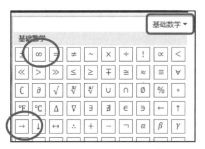

图 4-4-94　选定系统内置的参数值

图 4-4-95　下限设置完成后继续编辑

得到分化成的分式形态，其中的分子和分母均可编辑，如图 4-4-97 所示。再分别输入分子和分母。其中分子是多个元素相加，每个元素都是有上标和下标的，具体选择如图 4-4-98 所示。

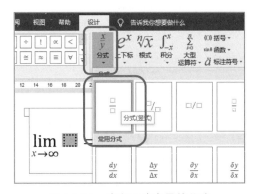

图 4-4-96　选定系统内置的公式

图 4-4-97　分式形态的编辑部分

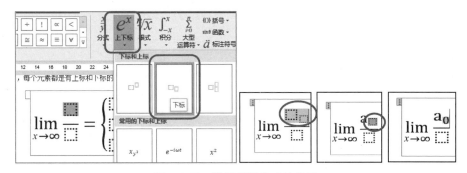

图 4-4-98　继续编辑分式的分子

接下来输入 x^m，这次需要选择"上下标"中的"上标"，如图 4-4-99 所示。

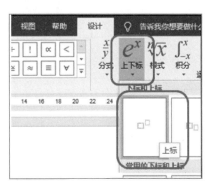

图 4-4-99　分子中的上标形态公式

注意：输入时，必须先保证它在与 a_0 同一高度，而不能与下标 0 在同一高度。图 4-4-100 是正确的输入，而图 4-4-101 是错误的。

图 4-4-100　正确的形态

图 4-4-101　错误的形态

按此方式依序输入分式分子的余下部分。其中,省略号可以在"符号"的"基础数学"中找到,如图 4-4-102 所示。

完整的分子部分输入完毕,如图 4-4-103 所示。

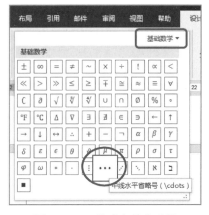

图 4-4-102　公式中的省略号

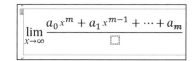

图 4-4-103　公式左半部分极限中的分子

分母与分子同理,依序输入完毕后得到公式的等号左端,如图 4-4-104 所示。

接着输入等号和公式右侧的部分,其中三分段函数在"括号"菜单的"事例和堆栈"中的"事例(三条件)"按钮,如图 4-4-105 所示。

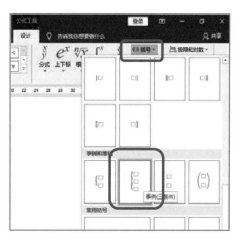

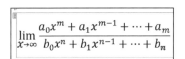

图 4-4-104　公式的左半部分

图 4-4-105　插入内置的三分段函数

插入三分段函数输入模板后，如图 4-4-106 所示。接下来，依次输入分段函数中的三行内容，输入方法同前，如图 4-4-107 所示。

$$\lim_{x \to \infty} \frac{a_0 x^m + a_1 x^{m-1} + \cdots + a_m}{b_0 x^n + b_1 x^{n-1} + \cdots + b_n} = \left\{ \begin{array}{l} \square \\ \square \\ \square \end{array} \right.$$

图 4-4-106　三分段函数插入公式后

$$\lim_{x \to \infty} \frac{a_0 x^m + a_1 x^{m-1} + \cdots + a_m}{b_0 x^n + b_1 x^{n-1} + \cdots + b_n} = \left\{ \begin{array}{l} \blacksquare \\ \square \\ \square \end{array} \right.$$

图 4-4-107　依次输入三分段函数的三行内容

分别需要选择分式、下标、无穷大、大于、小于号。其中的逗号、文字均由键盘输入；大于、小于号在"符号"的"基础数学"中找到，如图 4-4-108 所示，也可从键盘输入，但需注意采用英文半角输入法。

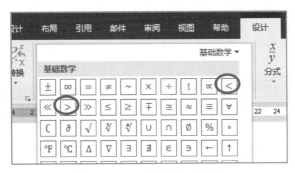

图 4-4-108　大于号和小于号

第 5 章　Excel 2016

5.1　Excel 2016 的主界面

　　Excel 是 Office 中的一款电子表格软件。虽然 Word 也可以对表格数据进行简单的计算,但这并不是 Word 的精华功能。而 Excel 是专门的电子表格软件,可以处理大量的专业数据。Excel 更擅长数据存储、快速准确地自动计算和数据分析,从而将用户从烦琐复杂的数据处理中解脱出来。用户对这两个软件的需求完全不同。

　　Excel 2016 的主界面主要由标题栏、选项卡和功能组、编辑栏、工作区等 13 个部分组成。如图 5-1-1 所示。

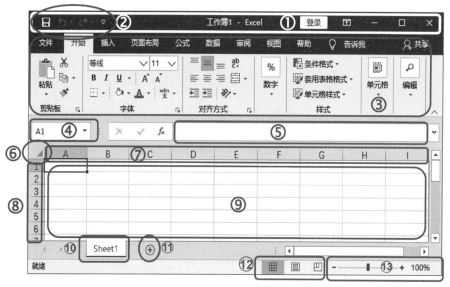

图 5-1-1　Excel 2016 主界面

① 标题栏:详见 3.4 节 Office 2016 软件的界面中的介绍。
② 快速访问工具栏:详见 3.4 节 Office 2016 软件的界面中的介绍。
③ 选项卡和功能组:详见 3.4 节 Office 2016 软件的界面中的介绍。

④ 名称栏：此处记录着当前活动单元格的地址，前面的字母是列标，后面的数字是行号。

⑤ 编辑栏：编辑栏中可以输入、编辑单元数据，同时显示当前单元的数据内容，在使用公式时常由此输入公式和引用的单元格信息。

⑥ 全选按钮：单击此按钮可以选择当前工作表中的全部单元格，等同于组合键Ctrl＋A。

⑦ 列标：显示列标的字母，列标为 A～Z，之后是 AA～AZ、BA～BZ、…，单击列标可选整列。

⑧ 行号：显示行号的数字，行号为 1～1048576，单击行号可以选择整行。

⑨ 工作区：在这个范围内包括整张表的全部单元格。Excel 中的所有数据必须都存放在一个个的单元格中。

⑩ 工作表标签：显示当前工作簿包含的工作表名和数量。Excel 2016 默认显示一个工作表，单击标签可以在不同的工作表间切换，双击标签可以更改工作表的名字。

⑪ 新建工作表按钮：单击此按钮会自动在当前工作表后面生成新的工作表，名称默认为 Sheet2、Sheet3、…。

⑫ 视图方式：可以使当前工作表在各种视图模式之间进行切换，其中"页面布局"模式便于随时查看页眉页脚信息，"分页预览"模式便于在多页数据间直观地浏览对比效果。

⑬ 显示比例：用于控制工作表显示的比例，可以直接给出数字百分比，也可以拖动滑块以改变当前工作表的显示比例，如图 5-1-2 所示。

图 5-1-2　Excel 的缩放比例

5.2　Excel 2016 独有的功能选项卡

Excel 2016 共包含 9 个选项卡，其中"页面布局""公式""数据"是三个独有的功能选项卡，如图 5-2-1 所示。其他选项卡是 Office 2106 组件共有的选项卡，功能介绍详见第 3 章。

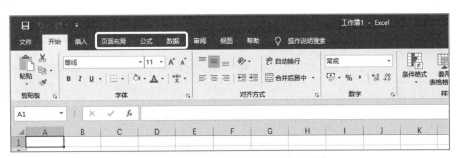

图 5-2-1　Excel 2016 的独有功能选项卡

5.2.1　页面布局

页面布局选项卡内涉及的功能包括：主题、页面设置、调整为合适大小、工作表选项等分组功能区，其中"页面设置"功能区最为常用。

在"页面设置"功能区中，"打印区域"是 Word 2016 和 PowerPoint 2016 中没有的，属于 Excel 2016 独有的功能。Word 2016 中承载的文字、图片、表格等信息是一页一页的电子文档，用户在编辑文档时所见的页面即是打印的所得，而 Excel 2016 工作表不以同样的机制分页，其行、列分布十分宽广，故而单元格数目可以很大，其中还可以包括许多互不相干的数据区域。

用户在打印工作表时，并不被强制一定要从当前工作表的首行首列开始向右下方逐页地打印，而是可以根据实际需要，选定一个大小任意的数据区域去打印，如图 5-2-2 所示。"页面布局"选项卡中的余下功能，与 Word 2016 中的对应功能类似，用户可以类比使用。

图 5-2-2　Excel 2016 的"打印区域"功能

5.2.2　公式

公式选项卡的每个功能均为 Excel 2016 所独有，虽然 Excel 2016 和 Word 2016 在功能上有少量的重合，但侧重点完全不同。

公式是"数值"和"文本"之外的一种数据，它以"＝"开头，也位于单元格中，其内容可以是简单的数学表达式，可以包含各种函数，还可以引用单元格数据、运算符和文本。在实际应用中，公式和函数结合使用，能够解决非常多的问题。

这个选项卡中最重要的就是"函数库"功能，如图 5-2-3 所示，内置 300 多个函数，如能灵活应用，将极大地提升数据处理能力。

图 5-2-3　Excel 2016 的函数库功能

5.2.3 数据

数据选项卡包含对工作表数据整体的全部操作,其中最常用的功能是"排序和筛选",如图 5-2-4 所示。

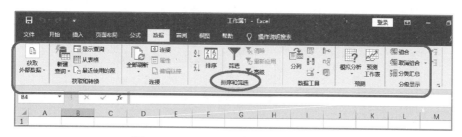

图 5-2-4 Excel 2016 的排序和筛选功能

5.3 Excel 2016 的基本功能操作

5.3.1 数据文本的基本要素

1. 工作簿和工作表

Excel 2016 文件是以工作簿形式存在的,一个工作簿中可以包含一张或多张工作表。工作簿的文件名默认为 Book1、Book2、…。

工作表是 Excel 2016 中用于存储和处理数据的主要文档,也称为电子表格。工作表由排列成行和列的单元格组成,工作表总是存储在工作簿中,工作表名默认为 Sheet1、Sheet2、…。

2. 行、列

在一张工作表中,有很多自然的行和列,系统默认行高为 12.75 磅,默认列宽为 8.38 个字符,用户也可以自行将列宽指定为 0～255 之间的任意数字,这个值表示单元格中用默认字体进行格式设置后显示的字符数。

行高和列宽的调整方法如下:调整这两个值时,可以直接拖曳行之间或列之间的边界线,亦可右键单击行号或列标,在弹出的快捷菜单中选择"行高"和"列宽"进行数据设置,具体的操作界面分别如图 5-3-1 和图 5-3-2 所示。

3. 单元格

单元格位于工作表的各个行、列交点处,是 Excel 存储数据信息的最基本、不可再分的单元。任何类型的数据必须都存在于单元格中。

单元格的合并:可以将跨越几行或几列的相邻单元格合并为一个大的单元格,若合并前这些单元格内都各有数据,则合并后会将合并区域中最左上角的数据放入合并所得的

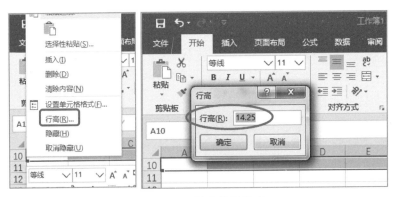

图 5-3-1　设置表格的行高

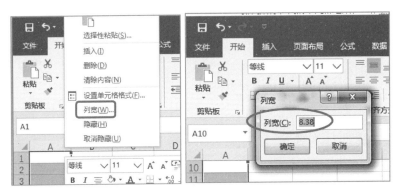

图 5-3-2　设置表格的列宽

大单元格中,而其他单元格的数据元素被删除。三个单元格合并前后的变化过程分别如图 5-3-3和图 5-3-4 所示。

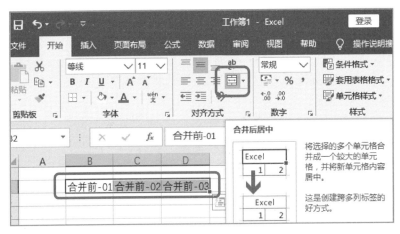

图 5-3-3　对单元格进行合并居中显示

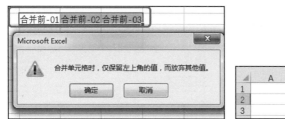

图 5-3-4　合并时的提示以及合并后的效果

单元格合并后有几种操作，分别是：合并并居中、合并但不居中、取消合并（将曾经合并的单元格重修拆分成多个单元格）。

Excel 2016 中的数据是广义的，单元格数据包含文本（中英文、特殊符号、空格等符号）、数字（数字字符和逗号、小数点、美元符号、百分号、负号等）、日期和时间（包含间隔符）。在输入不同数据时略有区别：文本在单元格中自动左对齐；数字和日期自动右对齐。

注意：输入数字时，默认为"常规"格式，即显示数字本身，但用户可以将单元格中数字的格式设置为不同类型，当将之修改为"日期""时间"或"分数"等类型时，这个数字将会显示为完全不同的外观。

例如：一个单元格内的数值最初为 1.5，如要将它设置为"常规""分数""日期""时间"四种不同格式，则需分别在如图 5-3-5、图 5-3-6 和图 5-3-7 所示的对话框中进行设置。

图 5-3-5　展开"数字"功能界面的按钮

图 5-3-6　将数字设为常规类型

图 5-3-7　将数字设为分数和日期时间类型

同是 1.5,最后显示为四种格式: 15 1 1/2 1900-01-01 12:00:00 PM

(系统自动默认 1900 年 1 月 1 日代表数字 1,1 月 2 日代表数字 2,……)。对于数据的格式设置,在本章任务中有具体的应用。

4. 区域

在处理 Excel 2016 数据过程中,无论是复制、剪切、输入、删除、计算中的哪一种,第一步操作都是选择目标单元格或者目标行、列或目标区域。被选中的目标区域可以大致分成两种:一种是连续区域,另一种就是不连续区域。选中不连续区域的方式是:在按住 Ctrl 键的前提下,通过鼠标逐一选择不连续的区域,待区域选择完成之后松开 Ctrl 键即可。

为了方便使用,通常对一个区域给出唯一的命名,命名区域可以简化公式,对于常会被操作的不连续区域,命名也可以提高效率。命名方式是:先选中该区域,在名称栏处给出区域名。图 5-3-8 即选中不连续区域并命名。

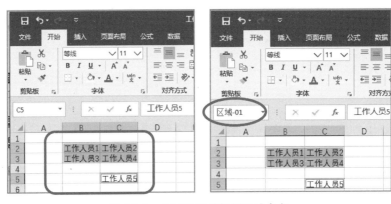

图 5-3-8　为不连续的数据区域命名

5. 数据的隐藏

当处理重要数据或不想让他人看到数据时,可以根据需要将工作簿、工作表、行或列隐藏起来。隐藏工作簿的操作如图 5-3-9 所示。

隐藏工作表、行或列,如图 5-3-10 所示。

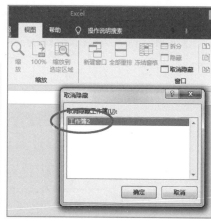

图 5-3-9　隐藏工作簿文件

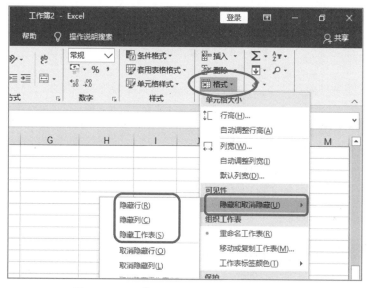

图 5-3-10　隐藏行、列或工作表的菜单功能项

5.3.2　数据文本的选择、移动、复制和删除

　　本功能和 Word 2016 中进行的文本选择、移动、复制和删除有较大不同。在 Excel 2016
数据表中,数据都是以单元格为最基本存储单位的,即要操作一部分数据,无论选择、移动还
是复制、粘贴,都是连同数据所在的单元格一起进行操作。

　　选择的方式就是单击对应单元格;移动的方式是在单元格上左键单击,拖曳单元格本身
到目标位置,再放开鼠标。复制、粘贴和删除则是在对应单元格上右键单击,选取相应的快
捷菜单进行操作,如图 5-3-11 所示。

图 5-3-11   删除工作表中的文本

注意：快捷菜单中的选择性粘贴也是一个较为重要的功能,在本章任务中有详细应用的描述。

处理单元格中的数据时,Excel 2016 提供了一个重要的工具就是填充柄,利用它可以做出很多方便的操作。下面是填充柄的两种用法：复制和产生序列。当用户选定一个单元格或一个区域时,位于该单元格或该区域右下角的小黑方块就是填充柄。在工作表中,可以通过拖动这个填充柄,将选定单元格中的内容复制到同行或同列的其他单元格中。对文字数据的拖曳复制如图 5-3-12 所示。

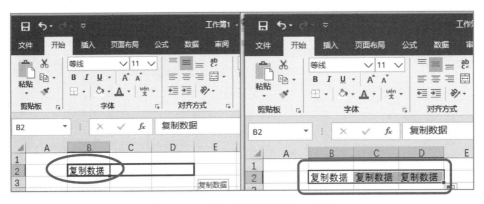

图 5-3-12   对文本数据进行拖曳复制

但如果该单元格中包含有"可扩展序列"中的数字、日期或时间,则拖曳操作就将制造出这些按序列变化的新数据,而不是复制。对数字数据的等差序列扩展如图 5-3-13 所示。

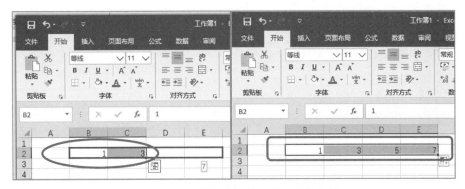

图 5-3-13　对数据序列拖曳后产生的结果

填充柄还有另一些重要应用：自动填充和自定义序列。Excel 2016 中提供了快速自动填充的功能，这是通过数据的一致性来快速填充数据的，比函数更加方便。填充时，数据的规律性越高，其提取数据的能力也就越强。例如，希望一行中相邻的各个单元格，分别存放等差数列的值，可以按如下操作。

在当前行的指定单元格内，先输入前两个数据(以便提取规则)，再选中这两个单元格，将鼠标移动到单元格右下角的填充柄处，待其变成十字型，按住鼠标左键向右拖动填充柄 ⊞，直到生成足够多的数据，如图 5-3-14 所示。

 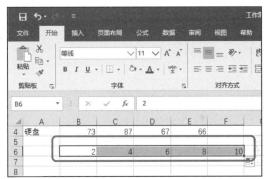

图 5-3-14　通过拖曳填充柄产生数据序列

以上是基本的填充手法，还可以使用"自定义序列"的方式制作自己所需要的填充内容。自定义序列的方法是："文件"→"选项"→"高级"→"常规"→"编辑自定义列表"，如图 5-3-15 所示。

打开的对话框，如图 5-3-16 所示，Excel 2016 默认提供了很多的自定义序列，有英文星期、英文日期、星期、中文月份、天干地支等。在右侧窗口中输入自己想要编辑的序列，每个词输入完毕按下"回车"键分隔它们，如图 5-3-17 所示。序列输入完毕，单击"添加"按钮，就会在右侧窗口中看到新定义的序列，最后单击"确定"按钮，自定义序列就此生成。实际拖曳生成效果如图 5-3-18 所示。

图 5-3-15 自定义序列的方式

图 5-3-16 系统嵌入的自定义序列

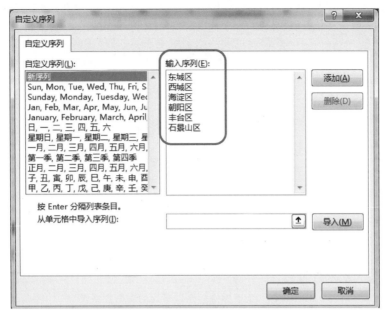

图 5-3-17　输入自定义的序列内容

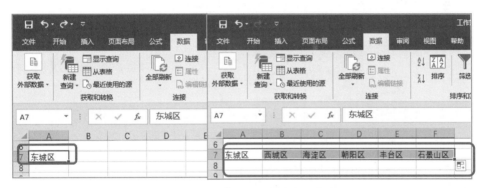

图 5-3-18　利用填充柄生成自定义的序列

5.3.3　两个工作表文件并排摆放

在 Excel 2016 中,经常需要对照两组数据或图表,以便通过对比得到结论,因此需要将两张数据表并排摆放后查看。例如,图 5-3-19 是两个工作簿文件刚刚新建并保存后的样子,分别是表格数据和图表数据,用户如需将之并排摆放,可以利用这两个工作簿文件中任意一个的"视图"选项卡的"全部重排"按钮来实现,如图 5-3-20 所示。

图 5-3-21 就是系统自动将两个 Excel 工作簿文档窗口以"垂直并排"的样式显示。

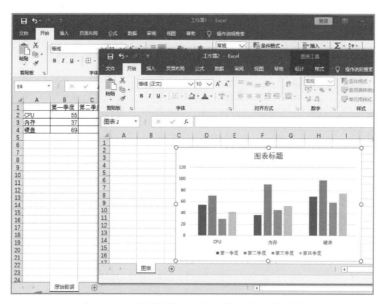

图 5-3-19　需要并排显示以对比的两个数据表

图 5-3-20　垂直并排显示这两张表

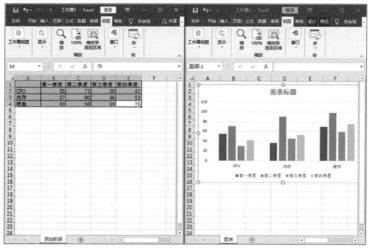

图 5-3-21　垂直并排显示的两张表

5.4　Excel 2016 独有的打印设置

5.4.1　表格边框的细节设置

Excel 2016 工作表界面中,最初默认就显示有灰色的横竖格线,但是这些格线只作为辅助之用,实际打印时并不显示。如需在打印后显示数据表的框线,必须对框线的粗细、线型、颜色进行一系列的设置。下面以"销售数据"工作表的数据为例,展示设置框线的过程。

为表格添加内外框线之前,需要先在工作表中将"欲为之设置框线"的数据范围选中,如图 5-4-1 所示。如果希望只是简单地将表格的各种框线设置为默认的黑色,则只需在"字体"功能区的"框线"功能按钮展开,对框线的种类进行选择,如图 5-4-2 所示。

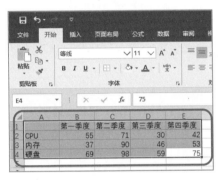

图 5-4-1　选中需要设置框线的数据

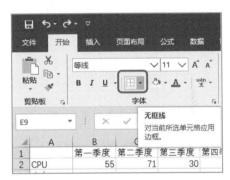

图 5-4-2　设置框线

图 5-4-3 是"只对该数据区域的单元格的外侧框线"进行设置,以及设置成功后的打印预览效果。

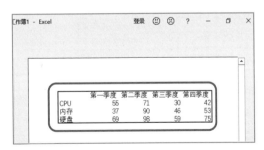

图 5-4-3　设置框线的样式并预览

如需对数据表的边框进行更复杂的设置,则可以先进入"字体"功能区的扩展"设置单元格格式"界面,在其中的"边框"选项卡中进行线型、颜色、边框的设置,并观看预览效果。本章任务 1 的步骤 7 有对此操作的详尽描述。

5.4.2　打印表中指定的区域

有的数据表包含多个数据区域,每个区域对应不同的需求、不同的应用。用户可以依据实际需要,有选择性地打印指定的部分数据区域。

假设图 5-4-4 中下方具有底纹的区域,是实际需要打印的数据区,如果在未进行"部分区域打印"设置前,则在打印预览中,看到的效果如图 5-4-5 所示。

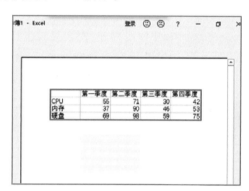

图 5-4-4　实际需要打印的区域　　　　　图 5-4-5　该区域的打印预览效果

可见,该打印预览效果中包含了表格中的其余数据,不符合需求。那么,进行选择性打印的具体操作如下:在"页面布局"选项卡的"打印区域"下拉菜单中,左键单击"设置打印区域"按钮,如图 5-4-6 所示。则会只针对选中的有底纹区域进行打印,打印预览效果如图 5-4-7 所示。

 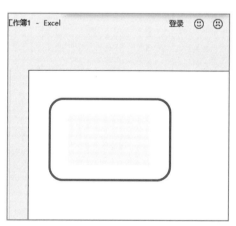

图 5-4-6　设置指定的打印区域　　　　　图 5-4-7　指定区域的打印预览效果

5.4.3　在页面布局视图插入页眉、页脚

在 Excel 2016 中，默认每次打开或新建文档时，自动进入的是"普通视图"，其中只有工作表的正文内容，与"普通视图"相邻的"页面布局"视图，如图 5-4-8 所示。当切换到"页面布局"视图时，则可以进行页眉、页脚的设置。

图 5-4-8　"普通"视图和"页面布局"视图按钮

在"页面布局"视图中，可以清楚地看到当前页眉、页脚的设置情况，如图 5-4-9 所示。

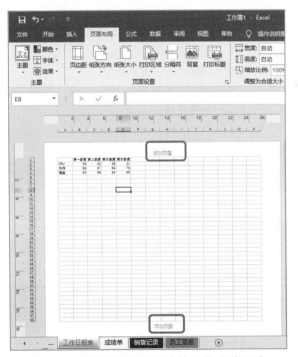

图 5-4-9　"页面布局"视图中的页眉、页脚区域

　　单击对应位置,即可添加页眉和页脚。如图 5-4-10 所示,页眉的三部分,分别为:"页码""工作表名""总页数"。页脚内容亦可在系统提供的各项元素中任选,插入到相应位置。

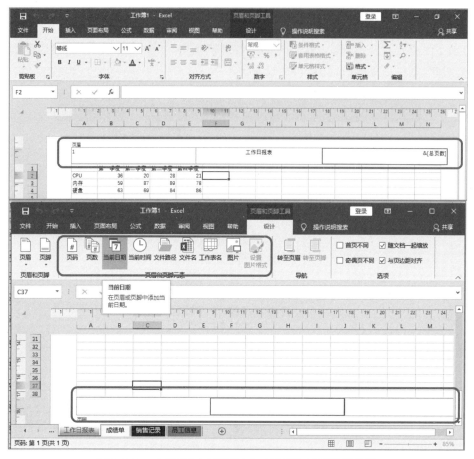

图 5-4-10　在"页面布局"视图中对页眉和页脚进行编辑

5.5　本章任务

5.5.1　任务 1——数据编辑与统计计算

1. 任务描述

　　本任务要求完成一个本学期的期末成绩单,表中要求包含每名学生的全部主辅修课程成绩。录入数据之后,求出每人平均分、每一门课程的平均分,并突出显示全体不及格和达到优秀的科目成绩。

　　知识点包括:查找和替换、单元格的复制和选择性粘贴、数据类型的设置、自动填充、对齐、文本型数据、设置列宽、自动套用格式、底纹、插入特殊符号、工作表的复制和移动、区域的选定和命名、条件格式、公式、函数、表格的边框线设置。

2. 任务实现

操作步骤如下。

步骤 1：准备工作。

具体操作：打开原始数据表"任务 5.1 成绩单"，其中的工作表"2018 级成绩单"中已经包含有所需的原始数据。

步骤 2：将全部"九九"替换为"2018"。

具体操作：先选中"班级"列，然后在"开始"选项卡最右侧的"查找和选择"，单击"替换"，打开"查找和替换"对话框，如图 5-5-1 所示。"查找内容"一栏是"九九"，"替换为"一栏是"2018"，执行"全体替换"，如图 5-5-2 所示。

图 5-5-1　输入要查找和替换的内容

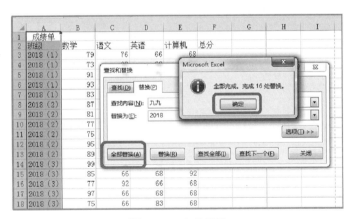

图 5-5-2　全部替换

步骤 3：在这张表中，加入第一列，列名是"学号"，列的内容是 201801、201802、201803、…、201816，并设置为文本型。

具体操作：在第一列的列号 A 上右键单击，选择快捷菜单中的"插入"选项，在生成的新列中的 A2、A3、A4 三个单元格中分别输入"学号"、201801、201802 三个数据，再选中 A3 和

A4,拖曳它们的填充柄到最后一行,如图 5-5-3 所示。接下来,选中这一列数据,右键单击,在弹出的快捷菜单中选择"设置单元格格式"选项,如图 5-5-4 所示。在"数字"选项卡中设置为"文本"型数值,设置成功后,会自动居右显示。

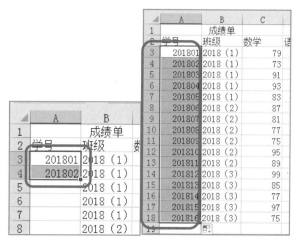

图 5-5-3　添加新列,并填充数据

图 5-5-4　将数字更改为文本型

步骤 4:利用公式 SUM 求每个人的所有科目总分,并将结果放在"总分"这一列中。

具体操作:先单击第一个学生的总分单元格 G3,在上方编辑栏中,单击鼠标,输入"=SUM(C3:F3)",按下"回车"键后,G3 单元格中就会出现这名学生的总成绩,如图 5-5-5 所示。

选中 G3 单元格,拖曳填充柄,直到最后一名学生的所在行,或者用直接双击填充柄的方式,自动计算后面 15 个人各自的总分,如图 5-5-6 所示。

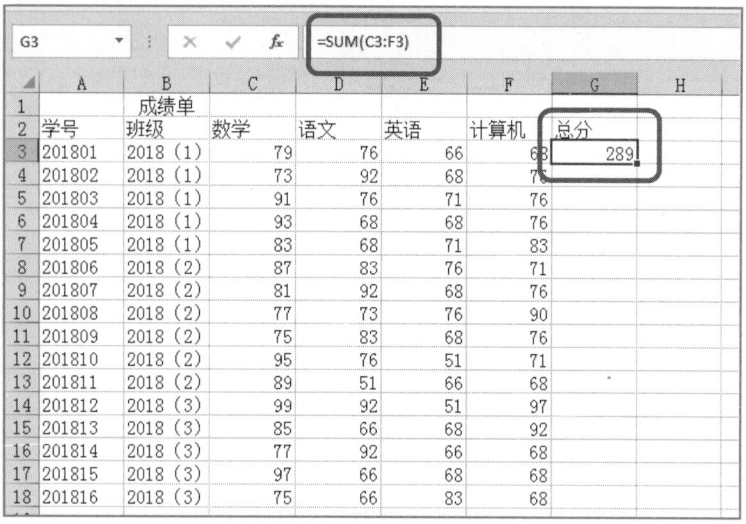

G3 =SUM(C3:F3)

	A	B	C	D	E	F	G	H
1		成绩单						
2	学号	班级	数学	语文	英语	计算机	总分	
3	201801	2018（1）	79	76	66	68	289	
4	201802	2018（1）	73	92	68	76		
5	201803	2018（1）	91	76	71	76		
6	201804	2018（1）	93	68	68	76		
7	201805	2018（1）	83	68	71	83		
8	201806	2018（2）	87	83	76	71		
9	201807	2018（2）	81	92	68	76		
10	201808	2018（2）	77	73	76	90		
11	201809	2018（2）	75	83	68	76		
12	201810	2018（2）	95	76	51	71		
13	201811	2018（2）	89	51	66	68		
14	201812	2018（3）	99	92	51	97		
15	201813	2018（3）	85	66	68	92		
16	201814	2018（3）	77	92	66	68		
17	201815	2018（3）	97	66	68	68		
18	201816	2018（3）	75	66	83	68		

图 5-5-5 利用公式求出指定的值

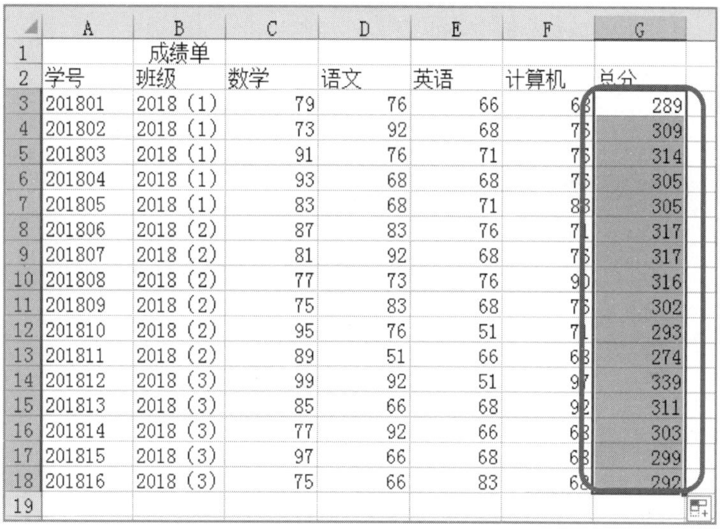

	A	B	C	D	E	F	G
1		成绩单					
2	学号	班级	数学	语文	英语	计算机	总分
3	201801	2018（1）	79	76	66	68	289
4	201802	2018（1）	73	92	68	76	309
5	201803	2018（1）	91	76	71	76	314
6	201804	2018（1）	93	68	68	76	305
7	201805	2018（1）	83	68	71	83	305
8	201806	2018（2）	87	83	76	71	317
9	201807	2018（2）	81	92	68	76	317
10	201808	2018（2）	77	73	76	90	316
11	201809	2018（2）	75	83	68	76	302
12	201810	2018（2）	95	76	51	71	293
13	201811	2018（2）	89	51	66	68	274
14	201812	2018（3）	99	92	51	97	339
15	201813	2018（3）	85	66	68	92	311
16	201814	2018（3）	77	92	66	68	303
17	201815	2018（3）	97	66	68	68	299
18	201816	2018（3）	75	66	83	68	292
19							

图 5-5-6 利用填充柄批量得出运算结果

步骤 5：使用条件格式功能，将全部单科分数中不及格（小于 60）和优秀（大于等于 90）的两种数值，分别用“背景灰，文字红”和“背景黄、文字绿”的格式加粗显示。

具体操作：首先将单科分数所在的区域 C3:F18 选中，再在“开始”选项卡中找到“条件格式”功能，如图 5-5-7 所示。先突出显示不及格的成绩：在“条件格式”中，选第一项“突出显示单元格规则”的“小于”。

如图 5-5-8 所示，在“小于”对话框中输入 60，然后在“设置为”中选“自定义格式”。

在打开的“设置单元格格式”对话框中单击字体选项卡，选定红色、加粗；在填充选项卡中选定灰色，如图 5-5-9 所示。

图 5-5-7 选择指定的条件

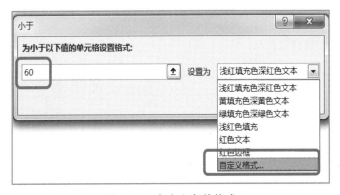

图 5-5-8 自定义条件格式

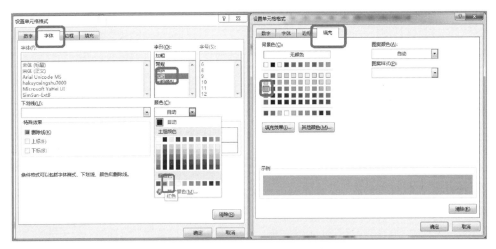

图 5-5-9 设置条件格式为指定的值

　　由于优秀成绩包含 90 分,因此不能使用同一菜单中的"大于",而要在"条件格式"中,选择"突出显示单元格规则"的最后一项"其他规则",如图 5-5-10 所示。然后单击"格式"设置文字绿色加粗,设置背景为黄色,分别如图 5-5-11 和图 5-5-12 所示,最终效果见图 5-5-13。

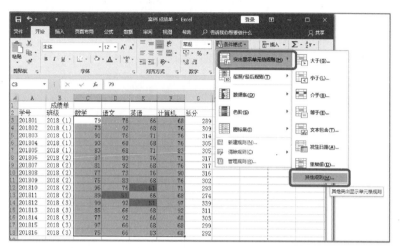

图 5-5-10　设置自定义的条件格式

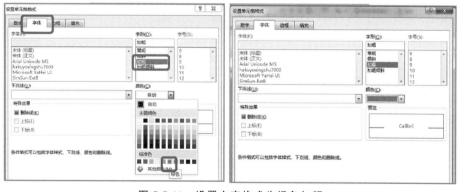

图 5-5-11　设置文字格式为绿色加粗

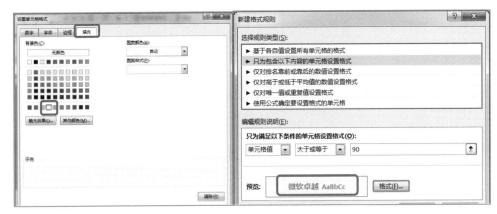

图 5-5-12　设置背景格式为黄色

	A	B	C	D	E	F	G
1		成绩单					
2	学号	班级	数学	语文	英语	计算机	总分
3	201801	2018 (1)	79	76	66	68	289
4	201802	2018 (1)	73	92	68	76	309
5	201803	2018 (1)	91	76	71	76	314
6	201804	2018 (1)	93	68	68	76	305
7	201805	2018 (1)	83	68	71	83	305
8	201806	2018 (2)	87	83	76	71	317
9	201807	2018 (2)	81	92	68	76	317
10	201808	2018 (2)	77	73	76	90	316
11	201809	2018 (2)	75	83	68	76	302
12	201810	2018 (2)	95	76	51	71	293
13	201811	2018 (2)	89	51	66	68	274
14	201812	2018 (3)	99	92	51	97	339
15	201813	2018 (3)	85	66	68	92	311
16	201814	2018 (3)	77	92	66	68	303
17	201815	2018 (3)	97	66	68	68	299
18	201816	2018 (3)	75	66	83	68	292
19							

图 5-5-13　条件格式的最终效果

步骤 6：将第一行的"成绩单"三个字做成表头。

具体操作：先选中 A1：G1 后，再单击"开始"选项卡中的"合并后居中"功能，效果如图 5-5-14 所示。

	A	B	C	D	E	F	G	H	I	
1				成绩单						
2	学号	班级	数学	语文	英语	计算机	总分			
3	201801	2018 (1)	79	76	66	68	289			
4	201802	2018 (1)	73	92	68	76	309			
5	201803	2018 (1)	91	76	71	76	314			
6	201804	2018 (1)	93	68	68	76	305			

图 5-5-14　将表头设置为合并居中

步骤 7：为表格加上外粗、内细的黑色实线边框。

具体操作：选中表格的数据范围 A1:G18，单击"开始"选项卡的"字体"右下角扩展功能，打开"设置单元格格式"对话框。在"边框"选项卡中，先选粗线样式，再预置"外边框"（会看到预览效果）。再选细线的样式，再预置为"内部"，最后单击"确定"按钮。如图 5-5-15 所示。最终效果如 5-5-16 所示。

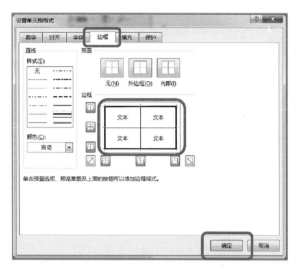

图 5-5-15　设置表格框线，并看预览效果

	A	B	C	D	E	F	G	H
1	成绩单							
2	学号	班级	数学	语文	英语	计算机	总分	
3	201801	2018（1）	79	76	66	68	289	
4	201802	2018（1）	73	92	68	76	309	
5	201803	2018（1）	91	76	71	76	314	
6	201804	2018（1）	93	68	68	76	305	
7	201805	2018（1）	83	68	71	83	305	
8	201806	2018（2）	87	83	76	71	317	
9	201807	2018（2）	81	92	68	76	317	
10	201808	2018（2）	77	73	76	90	316	
11	201809	2018（2）	75	83	68	76	302	
12	201810	2018（2）	95	76	51	71	293	
13	201811	2018（2）	89	51	66	68	274	
14	201812	2018（3）	99	92	51	97	339	
15	201813	2018（3）	85	66	68	92	311	
16	201814	2018（3）	77	92	66	68	303	
17	201815	2018（3）	97	66	68	68	299	
18	201816	2018（3）	75	66	83	68	292	
19								

图 5-5-16　添加框线后的最终效果

5.5.2　任务 2——数据图表

1. 任务描述

本任务要求完成一个产品销售数据表,根据数据进一步生成更加简明直观的图表,将数据表中的数据形象化地表现为视觉效果,方便迅速查看各类数据的差异和所占比例。

知识点包括:插入图表、设置标题、更改行列、添加标签、添加标注、美化外观等。

2. 任务实现

操作步骤如下。

步骤 1:新建一个空白工作簿,命名为"任务 5.2",在该工作簿的 Sheet1 中输入原始数据,如图 5-5-17 所示,并根据数据表建立图表。

	A	B	C	D	E
1	2017年销售额				
2	月份	显示器	主板	内存	显示卡
3	第一季度	106920	42160	43550	48950
4	第二季度	67320	29760	50700	39160
5	第三季度	124740	53320	59800	30260
6	第四季度	47520	14880	49400	51620

图 5-5-17　原始数据表

具体操作:选择单元格区域 A2:E6,单击"插入"选项卡"图表"选项组中的"柱形图"按钮,在下拉列表中选择"二维柱形图"中的"簇状柱形图",建立如图 5-5-18 所示的图表。

 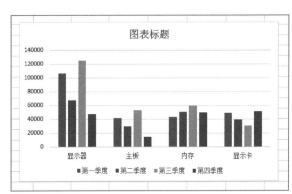

图 5-5-18　根据选定的数据生成图表

步骤 2:设置图表的布局。

具体操作:选择该图表,单击"设计"选项卡的"快速布局"按钮,在下拉列表框中选择"布局 9",得到如图 5-5-19 所示的布局效果。

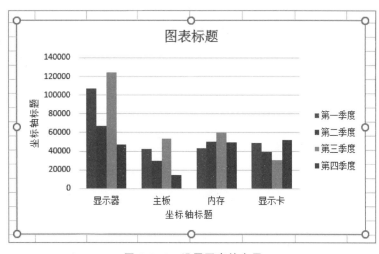

图 5-5-19　设置图表的布局

步骤 3：设置图表标题。

具体操作：在如图 5-5-19 所示的布局中，单击"图表标题"文本框，将其内容改为"2017 全年销售情况报表"。选择水平"坐标轴标题"，右键单击后选择"删除"，再将垂直"坐标轴标题"文本框里的内容修改为"销售额（万元）"。然后选中整个文本框，如图 5-5-20 所示，在"开始"选项卡上选择"竖排文字"，得到如图 5-5-21 所示的结果。

图 5-5-20　设置图表的标题文字方向

步骤 4：将数据序列改为产生在"行"，得到不同产品作为系列的销售额分布情况。

具体操作：如图 5-5-22 所示，选择图表，单击"设计"选项卡"数据"选项组中的"切换行/列"按钮，得到如图 5-5-23 所示的结果。

步骤 5：添加数据标签。

具体操作：选择图表，单击"设计"选项卡"图表布局"选项组中的"添加图表元素"按钮，然后依次选择"数据标签"选项下的"数据标签外"，如图 5-5-24 所示。

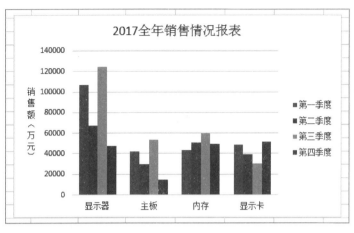

图 5-5-21　设置图表标题后的结果

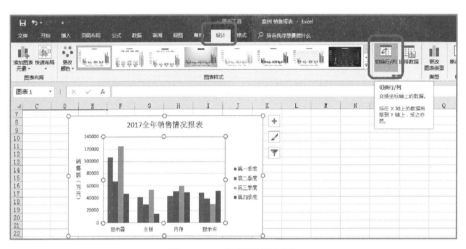

图 5-5-22　切换数据行列

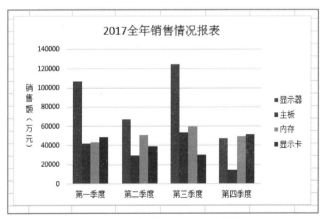

图 5-5-23　切换行列之后的结果

图 5-5-24 添加数据标签及其结果

通过以上操作步骤完成全部数据的对比。下面将完成各季度销售所占比例饼图。

步骤 6：建立全年销售总额数据。

具体操作：如图 5-5-25 所示，在 F 列中增加"合计"列，数据的计算方法可参考任务 5.1 中的步骤 4。

	A	B	C	D	E	F
1	2017年销售额					
2	月份	显示器	主板	内存	显示卡	合计
3	第一季度	106920	42160	43550	48950	241580
4	第二季度	67320	29760	50700	39160	186940
5	第三季度	124740	53320	59800	30260	268120
6	第四季度	47520	14880	49400	51620	163420
7						

图 5-5-25 添加入新的数据列

步骤 7：建立销售比例图表。

具体操作：选择单元格 A2：F6，单击"插入"选项卡"图表"选项组中的"插入饼图"按钮，选择"三维饼图"，建立如图 5-5-26 所示的图表。

图 5-5-26 插入三维饼图

先切换行列,将饼图更改为针对"产品名"和"季度",如图 5-5-27 所示。

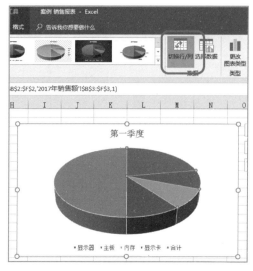

图 5-5-27　修改三维饼图对应的行列

步骤 8:修改数据的图例项。

具体操作:如图 5-5-28 所示,右键单击饼图,在弹出的快捷菜单中选择"选择数据"选项,去掉左侧"图例项"的四个产品名的勾选,图表编辑效果如图 5-5-29 所示。

图 5-5-28　选择饼图图例项数据

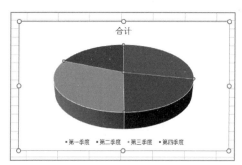

图 5-5-29　修改图例项后的结果

步骤 9：为图例添加数据标注。

具体操作：右键单击饼图，选择"添加数据标签"中的"添加数据标注"，得到如图 5-5-30 所示的结果。

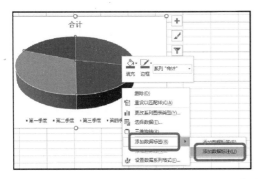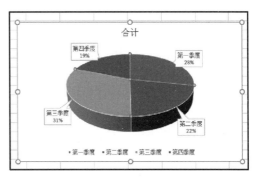

图 5-5-30　修改图例项后的结果

步骤 10：美化图表。

具体操作：如图 5-5-31 所示，选中饼图，选择图标样式中的样式 4，得到如图 5-5-32 所示的结果。

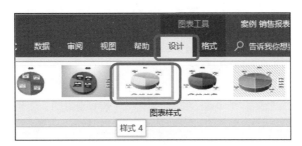

图 5-5-31　选择饼图的样式

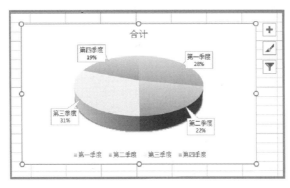

图 5-5-32　最终结果

5.5.3　任务3——数据筛选与分类汇总

1. 任务描述

本任务是根据某公司两个月期间各销售员在各所属地的产品销售记录情况,完成一个分类汇总后的业绩表,以便更为清晰直观地了解全公司的不同销售人员的总体销售业绩情况。

知识点包括:筛选和高级筛选、分类汇总、高级分类汇总等。

2. 任务实现

操作步骤如下。

步骤1:建立数据工作表,如图5-5-33所示。完成筛选功能。

	A	B	C	D	E	F	G
1	姓名	时间	产品	价格	数目	销售额	所属地
2	王明	5月	火花塞	120	40		太原
3	王明	6月	火花塞	120	42		太原
4	王明	5月	空调器	240	25		太原
5	王明	6月	空调器	240	41		太原
6	贺朝阳	5月	蓄电池	500	16		大同
7	贺朝阳	6月	蓄电池	500	15		大同
8	贺朝阳	5月	刹车片	200	22		大同
9	赵凯	5月	雨刮器	100	24		朔州
10	赵凯	6月	雨刮器	100	37		朔州
11	陈国志	5月	滤清器	150	25		忻州

图 5-5-33　原始数据

具体操作:打开原始数据表"任务5.3销售业绩表",选择工作表数据区域中的任意单元格,单击"数据"选项卡"排序和筛选"组中的"筛选"按钮,如图5-5-34所示。

图 5-5-34　做数据筛选

此时工作表进入数据筛选状态,数据区域字段名右侧出现下拉按钮,单击后可以选择要筛选的选项,例如,对"产品"字段进行筛选,筛选出"火花塞"和"蓄电池"两种产品,单击"确定"按钮后得到筛选的结果,如图5-5-35所示。

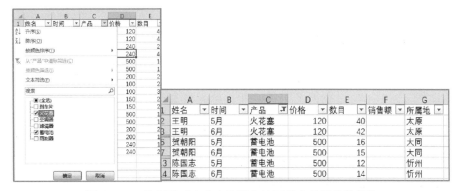

图 5-5-35　选择针对火花塞和蓄电池两种产品所做的筛选

步骤 2：取消筛选。

具体操作：单击"数据"选项卡"排序和筛选"组中的"清除"按钮，即可清除筛选效果。

步骤 3：对指定数据进行高级筛选，参照任务 5.1 的步骤 4。

具体操作：先构造出第 F 列：根据数目和价格，使用填充柄拖曳出 F 列各单元格，如图 5-5-36 所示。

	姓名	时间	产品	价格	数目	销售额	所属地
1	姓名	时间	产品	价格	数目	销售额	所属地
2	王明	5月	火花塞	120	40	4800	太原
3	王明	6月	火花塞	120	42	5040	太原
4	王明	5月	空调器	240	25	6000	太原
5	王明	6月	空调器	240	41	9840	太原
6	贺朝阳	5月	蓄电池	500	16	8000	大同

F2 栏 =D2*E2

图 5-5-36　构造出新的数据列

接下来，在 A20:C22 的空白处建立高级筛选条件区域，输入筛选条件如图 5-5-37 所示。

	姓名	时间	产品	价格	数目	销售额	所属地
1	姓名	时间	产品	价格	数目	销售额	所属地
2	王明	5月	火花塞	120	40	4800	太原
3	王明	6月	火花塞	120	42	5040	太原
4	王明	5月	空调器	240	25	6000	太原
5	王明	6月	空调器	240	41	9840	太原
6	贺朝阳	5月	蓄电池	500	16	8000	大同
7	贺朝阳	6月	蓄电池	500	15	7500	大同
8	贺朝阳	5月	刹车片	200	22	4400	大同
9	赵凯	5月	雨刮器	100	24	2400	朔州
10	赵凯	6月	雨刮器	100	37	3700	朔州
11	陈国志	5月	滤清器	150	25	3750	忻州
12	陈国志	6月	滤清器	150	25	3750	忻州
13	陈国志	5月	蓄电池	500	12	6000	忻州
14	陈国志	6月	蓄电池	500	14	7000	忻州
15	黎晖	5月	刹车片	200	20	4000	阳泉
16	黎晖	6月	刹车片	200	16	3200	阳泉
17	黎晖	5月	空调器	240	19	4560	阳泉
18	黎晖	6月	空调器	240	22	5280	阳泉
19							
20	所属地	产品	销售额				
21		空调器	>=5000				
22	忻州		>=5000				
23							
24							

山西各省汽车零配件销售表

图 5-5-37　高级筛选的条件区域

该区域的含义是筛选出同时满足以下两个条件的行。

(1) 所有城市中空调器的销售额不小于 5000 元的记录。

(2) 忻州市内所有销售额不小于 5000 元的产品。

步骤 4：实现高级筛选。

具体操作：选中工作表数据区域中的任意单元格，单击"数据"选项卡"排序和筛选"组中的"高级"按钮，如图 5-5-38 所示。在弹出的对话框中，设置"列表区域"为整个数据区域，"条件区域"为 A20：C22，并点选"将筛选结果复制到其他位置"，然后单击 I2 单元格作为"其他位置"，如图 5-5-39 所示。最后得到符合条件的记录行如图 5-5-40 所示。

图 5-5-38　高级筛选

图 5-5-39　设置高级筛选的各个信息区域

	A	B	C	D	E	F	G	H	I	J	K	L	M	N	O
1	姓名	时间	产品	价格	数目	销售额	所属地		姓名	时间	产品	价格	数目	销售额	所属地
2	王明	5月	火花塞	120	40	4800	太原		王明	5月	空调器	240	25	6000	太原
3	王明	5月	火花塞	120	42	5040	太原		王明	6月	空调器	240	41	9840	太原
4	王明	5月	空调器	240	25	6000	太原		陈国志	5月	蓄电池	500	12	6000	忻州
5	王明	6月	空调器	240	41	9840	太原		陈国志	6月	蓄电池	500	14	7000	忻州
6	贺朝阳	5月	蓄电池	500	16	8000	大同		黎晖	6月	空调器	240	22	5280	阳泉
7	贺朝阳	6月	蓄电池	500	15	7500	大同								
8	贺朝阳	5月	刹车片	200	22	4400	大同								
9	赵凯	5月	雨刮器	100	24	2400	朔州								
10	赵凯	5月	雨刮器	100	37	3700	朔州								
11	陈国志	5月	滤清器	150	25	3750	忻州								
12	陈国志	6月	滤清器	150	25	3750	忻州								
13	陈国志	5月	蓄电池	500	12	6000	忻州								
14	陈国志	6月	蓄电池	500	14	7000	忻州								
15	黎晖	5月	刹车片	200	20	4000	阳泉								
16	黎晖	6月	刹车片	200	16	3200	阳泉								
17	黎晖	5月	空调器	240	19	4560	阳泉								
18	黎晖	6月	空调器	240	22	5280	阳泉								
19															
20	所属地	产品	销售额												
21		空调器	>=5000												
22	忻州		>=5000												

图 5-5-40　筛选结果的位置的记录

步骤 5：采用简单分类汇总实现每月销售额统计：先针对"时间"这一列排序，再进行分类汇总。

具体操作：首先，单击"时间"一列中任意单元格，单击"数据"选项卡"排序和筛选"组中的"升序"按钮。然后，单击"数据"选项卡"分级显示"组中的"分类汇总"按钮，如图 5-5-41 所示。

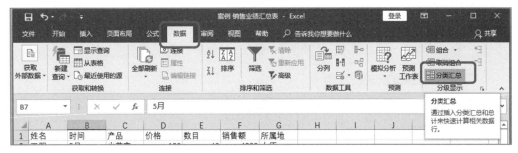

图 5-5-41 选择分类汇总

在弹出的"分类汇总"对话框中，在"分类字段"下拉列表中选择"时间"，在"汇总方式"下拉列表中选择"求和"，在"选定汇总项"列表框中勾选"销售额"，单击"确定"按钮完成。如图 5-5-42 所示。

图 5-5-42 设置分类汇总各选项以及结果

步骤 6：采用高级分类汇总，统计每名销售员每月的销售总额。

本步骤用于对数据清单中的指定列进行两种方式的汇总。相对于上一步的简单分类汇总而言，本操作的结果更为清晰，更有利于用户分析数据。

具体操作：在上一步的基础上，再次单击"分类汇总"按钮，在弹出的"分类汇总"对话框中，在"分类字段"下拉列表中选择"姓名"，在"汇总方式"下拉列表中选择"求和"，在"选定汇总项"列表框中勾选"销售额"，并取消勾选"替换当前分类汇总"复选框，单击"确定"按钮完成。如图 5-5-43 所示,可以看到各个销售员在每月的销售额汇总情况。

图 5-5-43　高级分类汇总的设置以及结果

第 6 章　PowerPoint 2016

6.1　PowerPoint 2016 独有的功能选项卡

6.1.1　"设计"选项卡

"设计"选项卡内涉及的功能包括主题、变体和自定义三个分组功能区。主要作用是对 PowerPoint 2016 主题进行设计和编辑，以及对幻灯片的尺寸和 PowerPoint 2016 背景格式进行设置，如图 6-1-1 所示。

图 6-1-1　PowerPoint 2016 的"设计"功能选项卡

"设计"选项卡的功能主要是对 PowerPoint 2016 整体页面的外观最醒目的地方做出设置，在本章任务中有相关的应用。

6.1.2　切换选项卡

PowerPoint 2016 中的数据元素，绝大多数和 Word 2016 中的数据元素是类似的，如文字、表格、图片、形状。但对这些数据的处理方式却有所不同，这也是 PowerPoint 2016 和 Word 2016 这两个软件侧重点的不同。Word 2016 更主要是对数据信息本身的编辑，而 PowerPoint 2016 则更侧重于数据信息形式和形态的展示，更注重形式的美观。

"切换"和"动画"两个选项卡，就是专门用于设置 PowerPoint 2016 文档展示时丰富的外观形态，这是 PowerPoint 2016 和 Word 2016 的最大不同之处，也是 PowerPoint 2016 的精华所在。这两个选项卡虽然都用于生成演示时的动态效果，但两者区别也很明显。"切换"是用来设置 PowerPoint 2016 页间切换效果，"动画"则是实现 PowerPoint 2016 单页内各元素间动画切换的效果。

如图 6-1-2 所示,"切换"选项卡主要涉及如下功能：选择页间切换的方式和对该方式的具体设置。

图 6-1-2 PowerPoint 2016 的"切换"功能选项卡

PowerPoint 2016 提供了三类页间切换的方式：细微、华丽和动态内容,如图 6-1-3 所示。每类又包含多种具体的形态可供选择,对每一种具体的切换形态,又有对应的细节设置可选,如切换当前页时是否需要伴随效果音、切换效果的持续时间等,如图 6-1-4 所示。

图 6-1-3 三种页间"切换"的方式

如图 6-1-5 所示,当选中"细微"中的"随机线条",可设置其"效果选项",实现不同的切换效果。

6.1.3 "动画"选项卡

动画是针对任意一个 PowerPoint 2016 页内的数据元素设置其演示时的动态效果。这个数据元素可以是文本、表格、图片、文本框、形状、超链接、艺术字等各类数据信息,

图 6-1-4　切换时对应的声音效果

图 6-1-5　"随机线条"的不同切换效果选项

PowerPoint 2016 为它们设计了大量可选用的视觉效果,可通过单击"添加动画"按钮进行设置,如图 6-1-6 所示。

图 6-1-6　动画效果中的"添加动画"

　　在实际施加动画效果时,要先选中设置动画的数据对象,然后单击"添加动画"按钮,会展开可添加的动画效果列表,动画效果包括四类,分别为"进入""强调""退出"和"其他动作路径",如图 6-1-7 所示。

　　在选定了某一种动作之后,还可以在界面上的"效果选项""动画窗格""计时"中进一步设置动画效果的细节,PowerPoint 2016 演示的美感就在这些微妙的设置之中得以体现。

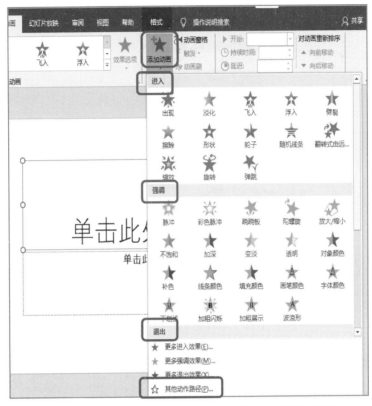

图 6-1-7　动画设置中的"进入""强调""退出"和"动作路径"

例如,图 6-1-8 是对一个文本框添加了"擦除"的进入效果后又进一步进行了设置。其中"效果选项"中可以进行"方向"和"序列"的选择;"动画窗格"中可以进行"效果选项"的设置(计时的细节也在其中),其中有"播放时伴随的背景音""动画播放速度""播放延迟时间"以及"循环播放次数"的设置,如图 6-1-9 所示。

图 6-1-8　对"擦除"进入效果的进一步设置

图 6-1-9　"效果选项"的具体设置

注意："计时"共有两处界面可以设置,它们的功能是相同的,用户可以根据个人习惯和喜好去选择。

动画功能应用非常广泛,在本章任务中有相应的应用实践。

6.1.4　幻灯片放映选项卡

幻灯片放映选项卡涉及的功能包括"(从哪一页开始)播放幻灯片""播放时的具体设置"和"监视器"等功能,如图 6-1-10 所示。其中"设置幻灯片放映"功能最为常用,如图 6-1-11所示。

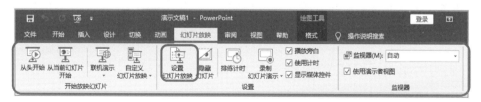

图 6-1-10　"幻灯片放映"选项卡中的"设置幻灯片放映"功能

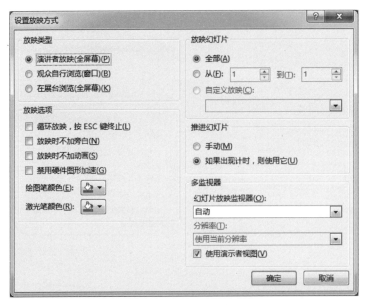

图 6-1-11　幻灯片放映方式设置页面

6.2　PowerPoint 2016 的基本功能操作

在文本编辑上,PowerPoint 2016 和 Word 2016 有共通之处,但也有很大的不同。Word 2016 是随着文本的增加而自然地推展出各个新页面,而 PowerPoint 2016 却是由用户自己手动添加出一个一个新页面,每个页面承载的数据元素及其形式都可以有很大差别,以实现演示时的视觉、听觉多样性。

对 PowerPoint 2016 制作者而言,最先考虑的始终是:当前这部分数据信息,将以什么形态存在于当前的 PPT 页面中,因此必须优先考虑当前页的版式、图片、文字、表格、声音、视频的比例、位置、出现顺序和持续时间等因素,并在对这些细节进行规划的基础上开始制作。

6.2.1　幻灯片页的版式设置与更改

幻灯片版式规定了在特定的幻灯片上,都会使用哪些占位符框,以及它们放在什么位置上。在"开始"选项卡的"幻灯片"选项组中,单击"新建幻灯片"按钮会得到全部可选版式的下拉菜单,在其中选择一种合适的版式,就能在编辑区得到对应版式的新幻灯片页,如图 6-2-1 所示。

同样当不满意当前的某个幻灯片页的版式时,也可以在选中该页的前提下,单击"开始"选项卡"幻灯片"选项组中的"版式"按钮,在展开的版式中任选一种,即可将当前版式改为目

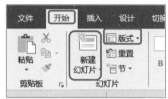

图 6-2-1　新建幻灯片及版式选择

标版式。

6.2.2　幻灯片页的选择、移动、复制和删除

1. 选择

在对幻灯片页进行操作之前,要先选定该页,方法有以下几种。

- 单击指定的幻灯片。
- 单击垂直滚动条下方的"下一张"或"上一张"幻灯片按钮。
- 按下 Ctrl 键的同时,单击鼠标左键选定一张或多张幻灯片,可以同时选中不连续的多张幻灯片页。
- 先单击要选定的第一张幻灯片页,再按下 Shift 键,再次单击要选定的最后一张幻灯片页,则可以选定连续的多张幻灯片页。
- 按下 Ctrl+A 组合键,则可以选定全部的幻灯片页。

2. 复制和移动

首先选择需要复制或移动的幻灯片页,在"开始"选项卡中单击"复制"按钮或"剪切"按钮,之后在左侧幻灯片列表中,单击希望复制或移动到的目标位置,单击"粘贴"按钮即可,如图 6-2-2 所示。

3. 删除

选中希望删除的幻灯片页,单击鼠标右键,在弹出的快捷菜单中选择"删除"选项;或直接按 Delete 键,即可删除所选的幻灯片页。

图 6-2-2　剪切、粘贴幻灯片

注意:PowerPoint 中的数据信息都是以幻灯片页来承载的,而在每一个幻灯片页内,这些数据又都是以一个一个的对象占位符来承载的,对这些占位符的复制、移动、删除操作都和上述对幻灯片页的相应操作基本类似,故不赘述。

6.3　PowerPoint 2016 独有的打印设置

Office 2016 办公软件的共性打印设置在第 3 章已做介绍。本节主要说明 PowerPoint 2016 独有的打印设置。

6.3.1　设置打印版式

不像 Word 那样,PowerPoint 页中的文字信息普遍较为稀疏,因此可以在一张 A4 纸上打印多张幻灯片页,此处为了方便区分每页的边界,在"打印"界面中,用户亦可选择是否为幻灯片页加上边框,设置如图 6-3-1 所示,结果如图 6-3-2 所示。

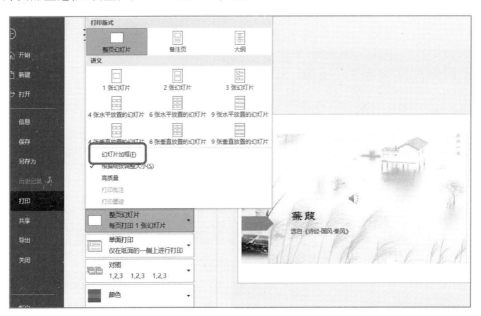

图 6-3-1　PowerPoint 页的打印设置

6.3.2　设置 PowerPoint 页打印方向和顺序

依照阅读习惯不同,有些用户希望将纸张横向打印,同时每一张打印纸上的 PowerPoint 页显示顺序可有水平和垂直之分,这些细节均可由用户自行设置。如图 6-3-3 所示是打印设置和效果预览。

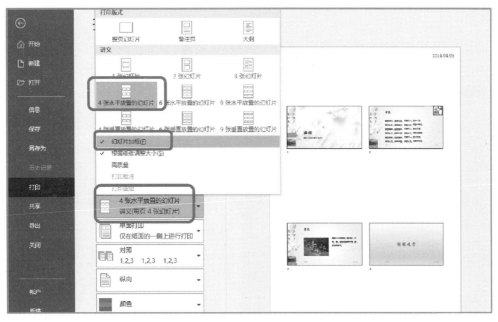

图 6-3-2　设置 4 页打印和幻灯片加框效果

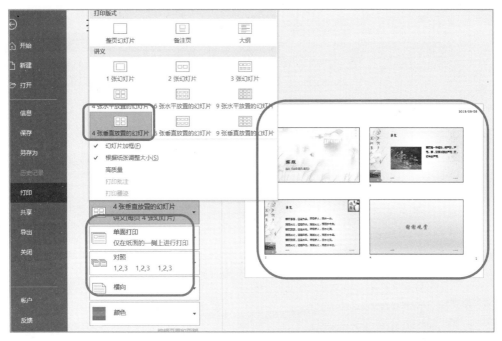

图 6-3-3　设置纸张横向打印、单面打印及预览

6.3.3 去掉背景

背景是应用于整个幻灯片或幻灯片母版的颜色、纹理、图案或图片效果，它应用于全部幻灯片，而不是局部的背景。这些背景效果，在演示时或许展示作用很重要，但在打印时，往往会使得幻灯片页内的正文文字模糊不清，并且浪费墨粉，如图 6-3-4 所示。

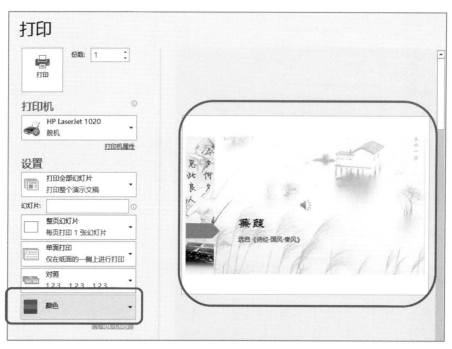

图 6-3-4　打印 PowerPoint 页的背景颜色

多数情况下，用户打印 PowerPoint 页主要用于阅读，并不需要显示过多的背景图或背景颜色、纹理。PowerPoint 2016 在"打印"界面中提供了一个"颜色"选项，以供用户在需要时选择去掉背景，如图 6-3-5 所示。

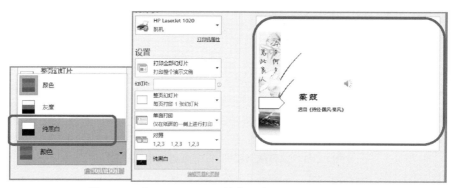

图 6-3-5　将 PowerPoint 页的背景色设为纯黑白及预览

6.4　本章任务

6.4.1　任务 1——幻灯片的基础编辑

1. 任务描述

本任务的操作对象共 4 页,具体知识点包括:设置幻灯片主题、颜色、母版、项目符号、文字格式、段落格式,插入图片、文本、声音、艺术字、页眉页脚等,并对图片进行一定的艺术效果设置,对音频文件进行动画设置。

2. 任务实现

操作步骤如下。

步骤 1:准备工作。

具体操作:建立一个空白 PowerPoint 2016 文档,如图 6-4-1 所示,并保存为指定文件名“任务 6.1”。

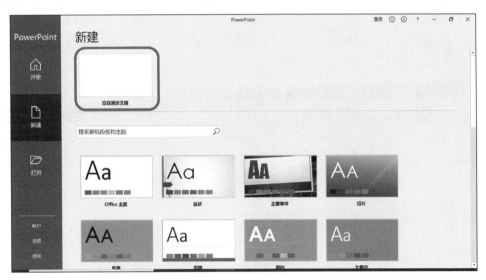

图 6-4-1　新建空白演示文稿

步骤 2:为幻灯片设置主题和颜色。

具体操作:设置幻灯片的主题为“丝状”,颜色为“黄橙色”。

主题在“设计”选项卡中,如图 6-4-2 所示,“颜色”在“设计”选项卡的“变体”中,如图 6-4-3 所示。

步骤 3:新建幻灯片页,版式分别为“标题和内容”“两栏内容”和“空白”。

具体操作:在“开始”菜单的“新建幻灯片”按钮下,分三次选择对应的版式,插入三个空幻灯片,如图 6-4-4 所示。

图 6-4-2　选择指定的幻灯片主题

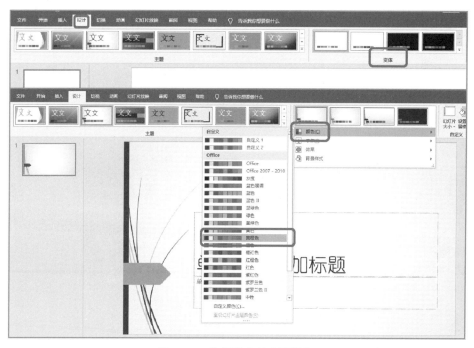

图 6-4-3　选择指定的主题颜色

步骤 4：更改幻灯片母版,在母版中为 PowerPoint 2016 各页添加统一的 LOGO 图。
具体操作：进入"视图"选项卡,单击"幻灯片母版"按钮,如图 6-4-5 所示。
进入母版视图后,先单击左侧缩略图中第一项,如图 6-4-6 所示,以便为每一页都加上
LOGO 图。

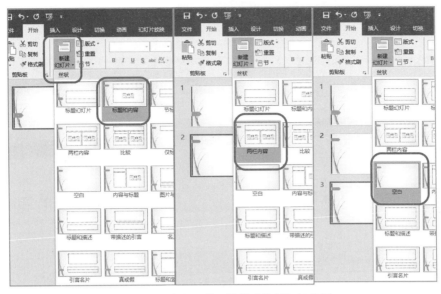

图 6-4-4　建立三种不同版式的新幻灯片页

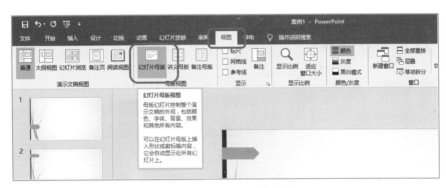

图 6-4-5　进入幻灯片母版

图 6-4-6　指定要修改格式的母版页

之后，单击"插入"选项卡中的"图片"按钮，如图 6-4-7 所示，在弹出的对话框中选择图片"logo1.jpg"，如图 6-4-8 所示。

图 6-4-7　在指定的母版页中插入图片

图 6-4-8　选择指定位置的指定图片

之后，将图片移动到 PowerPoint 2016 页的左侧，并适当调整尺寸，以使之匹配页面，如图 6-4-9 所示。

步骤 5：继续在幻灯片母版中，为各个 PowerPoint 2016 页对应的母版页做出文字、段落格式的调整，并设置其编号、日期等页脚内容。

具体操作：首页不显示幻灯片的页码，所以需要删除页码的背景图（即黄色箭头形的形状）。先选中左侧的标题母版页，如图 6-4-10 所示，再选中页面中的页码背景图，右击，在弹出的快捷菜单中选择"剪切"（起到删除的效果）选项，如图 6-4-11 所示。

图 6-4-9　调整母版页中的图片位置

图 6-4-10　选择要修改背景图的母版页

接下来,选中这一页(标题幻灯片)的主标题文本框,将其文字格式修改为"华文隶书,深红色",如图 6-4-12 所示,字号不需修改。

用同样的方法,将副标题文本框的文字格式设置为"微软雅黑、24 号字",如图 6-4-13 所示,颜色不需修改。

用同样的方法,对第 2 页对应的母版进行更改。将标题部分的文字格式设置为"华文新魏,字号 36,颜色深红",分别如图 6-4-14 和图 6-4-15 所示。再将内容部分字体格式设置为"微软雅黑,24 号字",如图 6-4-16 所示。

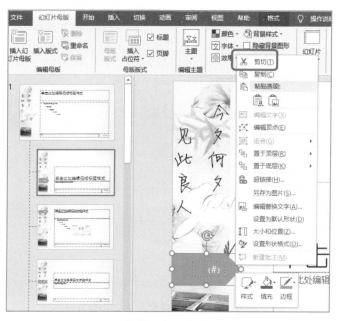

图 6-4-11　编辑母版页中指定的背景图

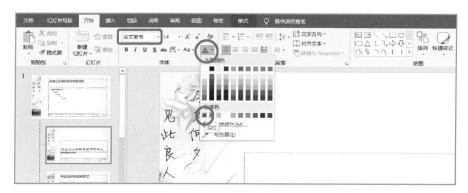

图 6-4-12　修改主标题的字体、颜色

图 6-4-13　修改副标题的字体、字号

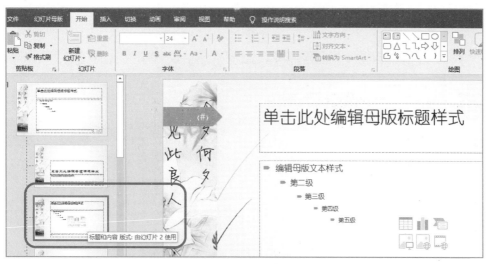

图 6-4-14　选中第 2 页对应的母版页

图 6-4-15　修改第 2 页对应的母版页中标题的文字格式

图 6-4-16　修改第 2 页对应的母版页中内容的文字格式

然后打开"段落"对话框,设置行距为"1.5 倍行距",并去除项目符号,分别如图 6-4-17 和图 6-4-18 所示。

图 6-4-17 修改段落行距

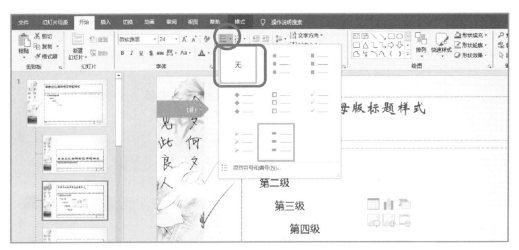

图 6-4-18 去掉项目符号

接下来,将第 2 页中摆放页码的黄色箭头形状,连同其上叠放的页码数字的文本框,一起选中并移动到左侧 LOGO 图片的下方,使其不遮挡住 LOGO 图片的主体。

用同样的方法,对第 3 页对应的母版进行更改,将标题部分的文字格式设置为"华文新魏,字号 36,颜色深红"。再将第 3 页"两栏内容"对应的母版中页码及其背景形状移动到 LOGO 下方,如图 6-4-19 所示。

接下来修改页码和日期。单击左侧缩略图中第一项,如图 6-4-20 所示,以便为每一页统一进行设置。

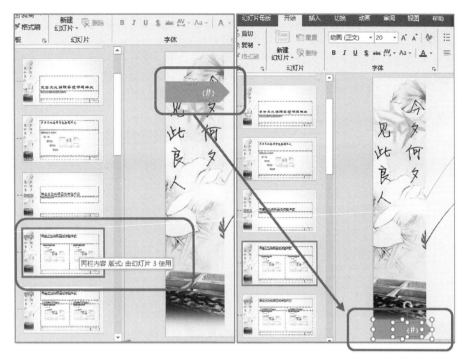

图 6-4-19　修改母版第 3 页背景形状

图 6-4-20　选中要修改的母版页

如图 6-4-21 所示,在"插入"选项卡中,选择"页眉和页脚",在弹出的对话框中,设定"日期和时间(自动更新)""幻灯片编号"和"页脚","页脚"内容为"诗经诵读",并在标题幻灯片中不显示。

至此,已经将一切母版效果设置完毕,关闭母版视图,返回普通视图,如图 6-4-22 所示。

步骤 6:为每一页添加文字等内容,并进行图文的各项特殊效果的设置。

具体操作:设置第 1 页(标题幻灯片页)的主标题文字为"蒹葭",副标题文字为"选自《诗经·国风·秦风》",如图 6-4-23 所示。

图 6-4-21　设定页眉和页脚的细节格式

图 6-4-22　退出母版视图

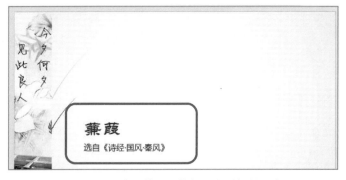

图 6-4-23　输入第 1 页的标题和副标题文字

然后,为幻灯片添加图片背景,并设置透明度为 80%。在"设计"菜单中单击"设置背景格式",如图 6-4-24 所示。

图 6-4-24　设置幻灯片的背景格式

在右侧的设置区域,选中"图片或纹理填充"单选按钮,并单击插入图片来自于"文件"按钮。选择对应的背景图"背景.jpg",再将该图的透明度设置为 80%,分别如图 6-4-25 和图 6-4-26 所示。

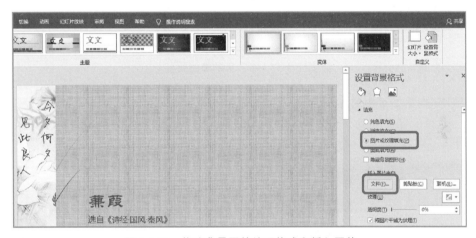

图 6-4-25　修改背景图的纹理格式和插入图片

图 6-4-26　选择指定的背景图文件

图 6-4-27 是第 1 页的最终效果。

图 6-4-27　第 1 页的最终效果

步骤 7：在第 2 页中的标题和内容中输入"蒹葭"整段诗词文字,观察是否和母版设置一致。图 6-4-28 是第 2 页的最终效果。

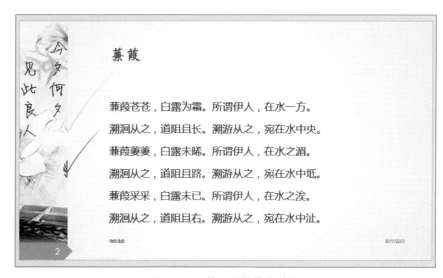

图 6-4-28　第 2 页的最终效果

步骤 8：在第 3 页中添加图文内容,编辑其效果。

具体操作：输入标题文字为"蒹葭";在右侧内容输入如下文字："蒹葭是一种植物,指芦荻,芦苇。蒹,没有长穗的芦苇。葭,初生的芦苇。",文字加粗,颜色为深蓝,如图 6-4-29 所示。

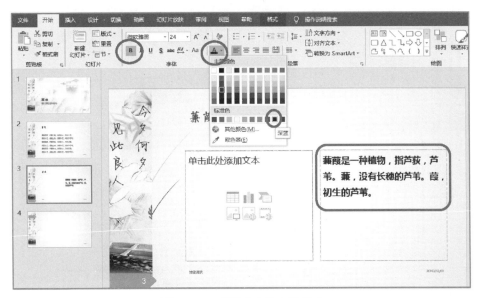

图 6-4-29 设置文本的文字格式

在左侧文本框中插入图片"蒹葭.jpg"（图片在素材文件夹中），调整图片尺寸并微调图片与文字的相对关系，使之显示美观，分别如图 6-4-30 和图 6-4-31 所示。

图 6-4-30 设置插入图片

选中图片，在"样式"选项卡中，设置艺术效果为"发光散射"，如图 6-4-32 所示。在图片样式中设置为"居中矩形阴影"，如图 6-4-33 所示。第 3 页的最终效果如图 6-4-34 所示。

图 6-4-31　在左侧区域选择插入图片

图 6-4-32　设置图片的艺术效果

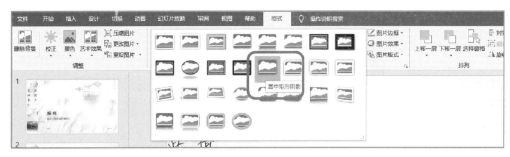

图 6-4-33　设置"居中矩形阴影"效果

图 6-4-34　第 3 页的最终效果

步骤 9：在第 4 页中插入艺术字，并设置背景。

具体操作：插入如图 6-4-35 所示样式的艺术字。内容为"谢谢观赏"，字体为"华文行楷"。

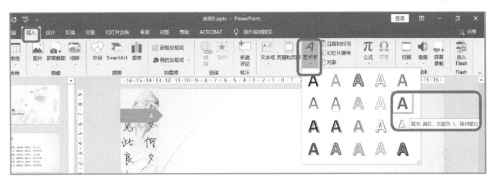

图 6-4-35　设置指定格式的艺术字

打开"设计"菜单，单击"设置背景格式"按钮，进入界面，如图 6-4-36 所示。再单击"隐藏背景图形"按钮，如图 6-4-37 所示，这样可以隐藏母版背景，为本页设置其他背景。

图 6-4-36　设置背景格式

接着，对此幻灯片设置"渐变填充"背景，如图 6-4-38 所示。预设颜色为"浅色渐变-个性色 1"，类型为"线性"，方向为"线性向下"，如图 6-4-39 所示。

图 6-4-37　隐藏母版背景图形

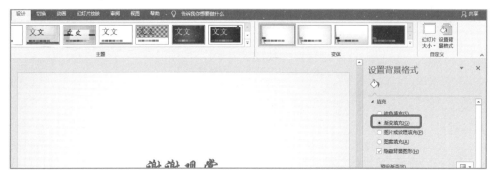

图 6-4-38　设置背景为"渐变填充"效果

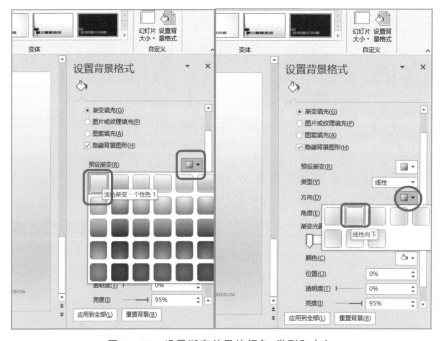

图 6-4-39　设置渐变效果的颜色、类型和方向

步骤 10：为幻灯片插入背景音乐，设置其播放格式。

具体操作：回到第 1 张幻灯片，在其中插入声音文件《蒹葭》，分别如图 6-4-40 和图 6-4-41 所示。在"播放"菜单中，设置"自动开始""放映时隐藏"，如图 6-4-42 所示。

图 6-4-40　进入"音频设置"界面

图 6-4-41　插入指定的音频文件

图 6-4-42　设置音频文件为自动播放和放映时隐藏

在"动画"菜单中,打开"动画窗格",如图 6-4-43 所示。在当前页上,选中音频文件,选择动画窗格中"效果选项",打开"播放音频"对话框,在"效果"选项卡中设置"停止播放"为"在 4 张幻灯片后",如图 6-4-44 所示。

图 6-4-43   打开音频的动画窗格

图 6-4-44   设置音频的效果选项

步骤 11:查看放映效果。

具体操作:在"幻灯片放映"菜单中,选择"从头开始",如图 6-4-45 所示。

图 6-4-45   查看幻灯片的放映效果

6.4.2　任务 2——图文对象的动画设计

1. 任务描述

本任务的操作对象共 6 页，具体知识点包括：不同版式页的建立和修改；背景样式、填充格式、幻灯片大小的设置；页间切换方式的设置；如何在母版中对各种格式进行统一修改；更改项目符号样式、段前后距；添加文字和动作按钮的超链接；插入表格并修饰其格式、设置表格样式；图文对象的动画设计及动作路径的设置。

2. 任务实现

操作步骤如下。

步骤 1：准备工作。

具体操作：建立一个空白 PowerPoint 2016 文档，如图 6-4-46 所示，保存为指定文件名"任务 6.2"。

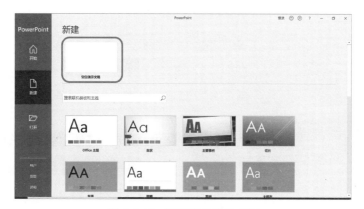

图 6-4-46　新建空白演示文稿

步骤 2：建立 6 页指定版式的幻灯片页。设置背景应用样式和格式，以及幻灯片大小。

具体操作：首页为"标题幻灯片"，余下 5 页的版式均为"标题和内容"，如图 6-4-47 所示。

图 6-4-47　设置指定的幻灯片版式

在左侧导航缩略图中全选整个文档,打开"设计"选项卡设置背景样式为"样式 5",如图 6-4-48 所示。设置背景格式为"渐变填充",如图 6-4-49 所示。幻灯片大小为"标准(4:3)",如图 6-4-50 所示。

图 6-4-48　设置幻灯片页的背景样式

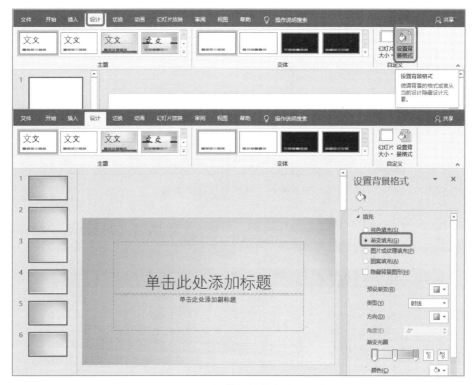

图 6-4-49　设置幻灯片页的背景格式为指定值

步骤 3:为全部 6 页幻灯片添加页间切换效果。

具体操作:第 1 页无页间切换。打开"切换"选项卡,将第 2 页的页间切换设置为"形状",效果选项为细微之"圆形",如图 6-4-51 所示。然后一起选中余下 4 页,一次性将它们

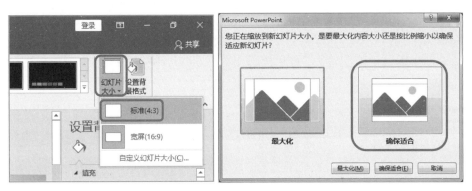

图 6-4-50　设置幻灯片的大小

的页间切换都设置为动态内容之"旋转"，如图 6-4-52 所示。

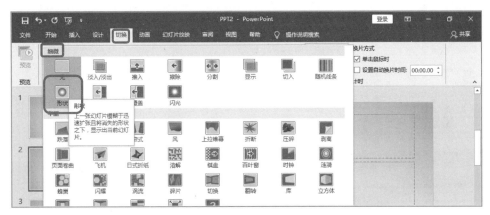

图 6-4-51　第 2 页幻灯片页的页间切换设置

图 6-4-52　第 3～6 页幻灯片页的页间切换设置

步骤 4：在母版中，为全部 6 页的文字设置格式效果。

具体操作：如图 6-4-53 所示，进入母版，选中左侧最上面的"由幻灯片 1-6 使用"的母版页，如图 6-4-54 所示。然后选中幻灯片标题文本框，将其字体改为幼圆，字体的文本效果改为阴影，颜色改为蓝-灰，文字 2，居中，如图 6-4-55 所示。之后退出母版。

图 6-4-53　进入母版页

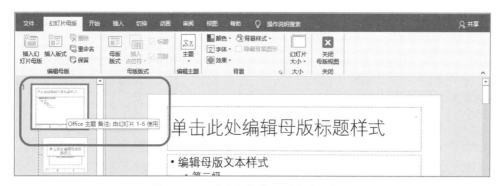

图 6-4-54　选定幻灯片页对应的母版页

图 6-4-55　设置母版页中标题文本的格式

步骤 5：为第 1 页添加指定的文字内容。

具体操作：标题文字为"故宫晴雪"，副标题文字为"制作者"，如图 6-4-56 所示。页内无动画。

图 6-4-56 添加标题和副标题的文字

步骤 6：为第 2 页添加指定的图文内容，并修饰图文的格式。

具体操作：标题文字为"目录"。先将本页的版式改为"两栏内容"，如图 6-4-57 所示。再添加左栏目文字："故宫简介""基本信息"和"美图欣赏"，分三行显示，字号为 44 号，如图 6-4-58 所示。

图 6-4-57 修改第 2 页的版式

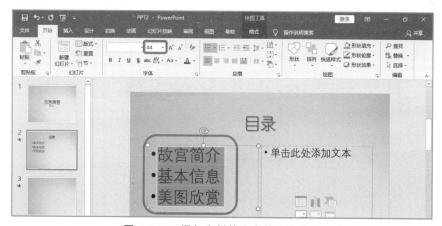

图 6-4-58 添加左栏的文字并设置字号

接下来在右栏中插入图片 B02.jpg，如图 6-4-59 所示。将这张图应用为"柔化边缘椭圆"格式，如图 6-4-60 所示。

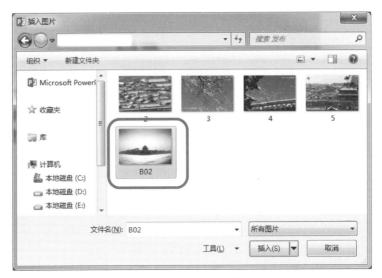

图 6-4-59　插入指定路径下的指定图片

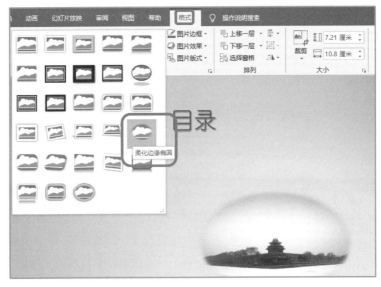

图 6-4-60　设置图片的格式

将左栏三行文字的项目符号修改为"箭头项目符号"，并将项目符号的大小设置为 60% 字高，分别如图 6-4-61 和图 6-4-62 所示。

设置这 3 行文字的行间距为段前、段后各 10 磅、首行缩进 1.27 厘米，如图 6-4-63 所示。再调整左栏文本框的位置使其和右图高度大致相同。

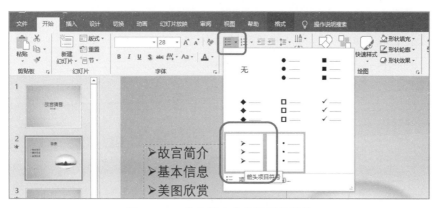

图 6-4-61　为左栏文字设置项目符号

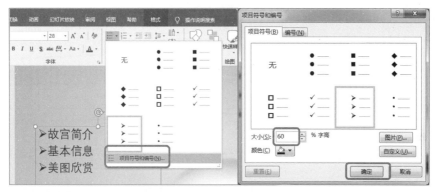

图 6-4-62　设置项目符号的字高

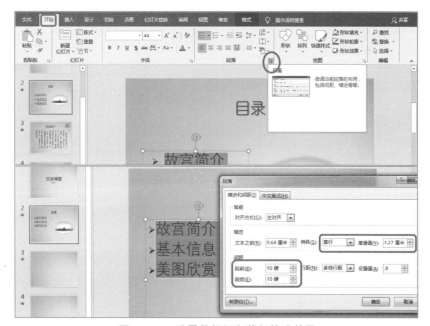

图 6-4-63　设置段间距和首行缩进效果

步骤 7：为第 2 页的图文添加超链接和动画效果。

具体操作：第 2 页中 3 行文字的超链接分别链接到本文档的第 3、4 和 5 页。选中第 1 行文字，右击，在弹出的快捷菜单中选择"超链接"选项，如图 6-4-64 和图 6-4-65 所示。再用同样的方式，为第 2 和 3 行文字设置超链接。

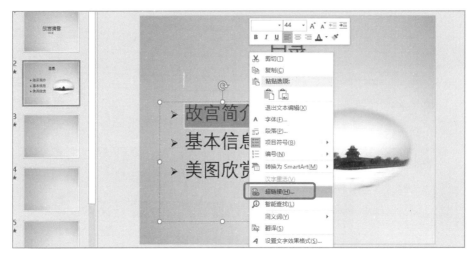

图 6-4-64　为第 1 行文字设置超链接

图 6-4-65　设置超链接的目标位置

接下来选中右图，打开"动画"选项卡，选择"淡入"效果，并将持续时间改为"1 秒"，如图 6-4-66 所示。图 6-4-67 是第 2 页的最终效果。

步骤 8：更改第 3 页版式，并修改文字、段落格式，以及文本框的动画效果。

具体操作：将版式更改为"标题和竖排文字"，如图 6-4-68 所示。去掉文字的项目符号，录入指定内容，设置为段前 12 磅、1.5 倍行距、首行缩进 1.27 厘米，如图 6-4-69 所示。"动画效果"设置为"浮入"，按段落上浮，如图 6-4-70 所示。

图 6-4-66　设置动画的淡入效果和持续时间

图 6-4-67　第 2 页的最终效果

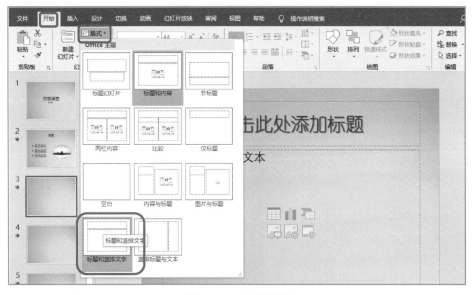

图 6-4-68　修改版式

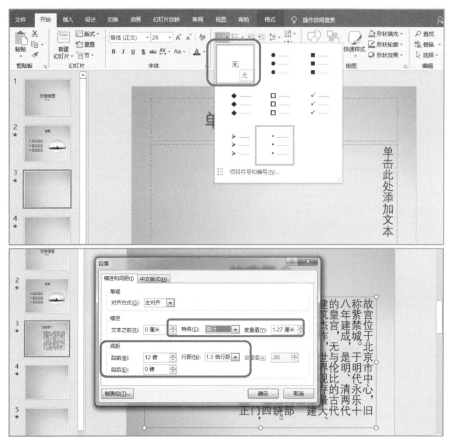

图 6-4-69　去掉项目符号并设置行距和首行缩进

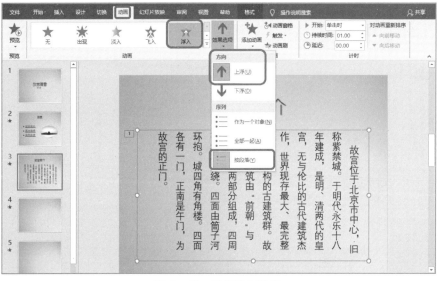

图 6-4-70　设置动画效果

步骤 9：为第 4 页添加文字和表格，修改它们的格式，并添加动画效果。

具体操作：标题文字为"基本信息"，内容区插入一张 5 行 2 列的表格，如图 6-4-71 所示。表格文字为如图 6-4-72 所示的指定内容，设置字体为幼圆、字号为 28 号。

图 6-4-71　插入指定行列数的表格

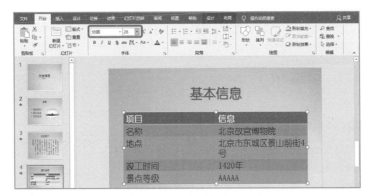

图 6-4-72　设置表格文字的格式

如图 6-4-73 所示，在"设计"选项卡中设置表格的样式为：中度样式 4-强调 3。如图 6-4-74 所示，在"布局"选项卡中，设置两列列宽分别为 5 厘米和 15 厘米，行高为 2 厘米。同样，在"布局"选项卡中，设置表格的位置，其中水平为 3 厘米，垂直为 5 厘米，如图 6-4-75 所示。

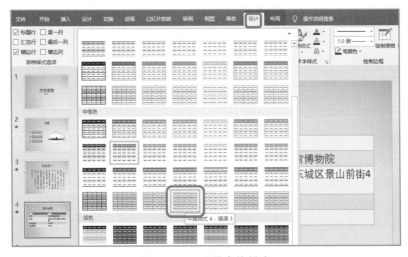

图 6-4-73　设置表格样式

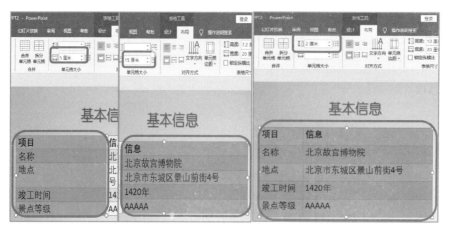

图 6-4-74　设置表格的行高和列宽

图 6-4-75　设置表格的位置

接下来选中整个表格,将表格的动画设置为"翻转式由远及近",如图 6-4-76 所示。

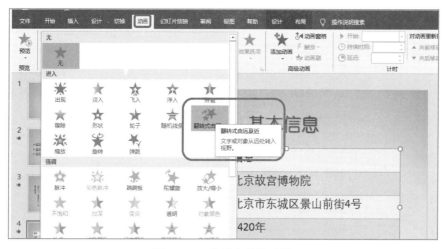

图 6-4-76　设置表格的动画

步骤 10：修改第 5 页版式，添加标题文字，并插入图片，再修改图片尺寸、添加动画。

具体操作：选中第 5 页，将版式改为"仅标题"，如图 6-4-77 所示。然后输入标题内容为"美图欣赏"，并插入 4 张图片文件，如图 6-4-78 所示。设置 4 张图片的尺寸均为高度 6 厘米，宽度自动，如图 6-4-79 所示。

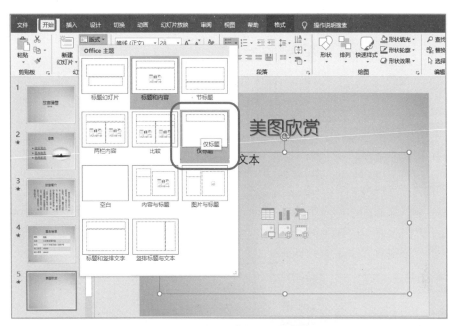

图 6-4-77　修改幻灯片页的版式

图 6-4-78　一次性插入 4 张图片

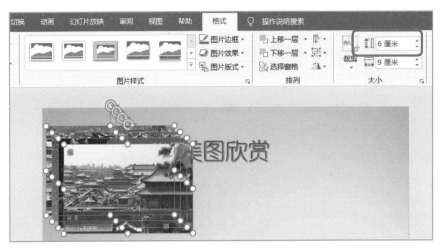

图 6-4-79　一次性修改多张图的高度

为这 4 张图片添加动画效果为"动作路径"之直线,使 4 张图片的动作路径同时向中央聚拢。为了方便设置,现将 PowerPoint 2016 视图比例缩小显示为 40%,如图 6-4-80 所示。再将 4 张图片分别放置于本页的四角,如图 6-4-81 所示。

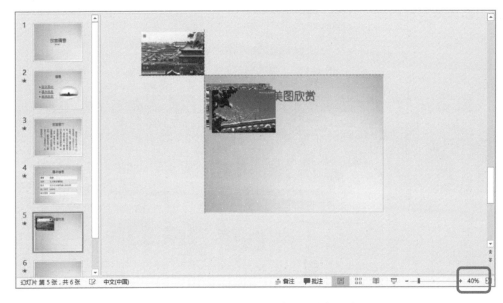

图 6-4-80　设置幻灯片视图比例

之后,单击第一张图片,打开"动画"菜单,为该图添加动画的动作路径为"直线",如图 6-4-82 所示。

设置后的效果如图 6-4-83 所示,图中上方的绿色箭头(白圈内)为动画的起点,下方的红色箭头(黑圈内)为动画的终点。

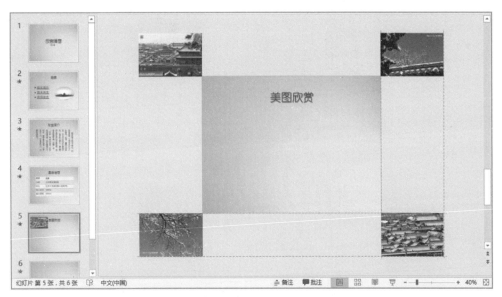

图 6-4-81　将 4 张图分别放在幻灯片页的四角

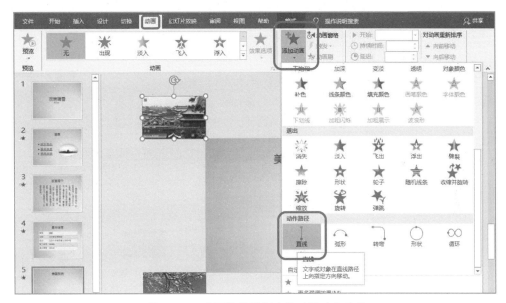

图 6-4-82　为图片设置指定的动画动作路径

之后将动画的终点拖曳到该幻灯片的合适位置，使这张图片的动画效果为从 PowerPoint 页的左上方进入，最终停留在 PPT 页的左上方，如图 6-4-84 所示。

并依此对后三张图也做相同操作。最终效果如图 6-4-85 所示。

接下来，进入动画窗格页，将后 3 张图片的动画设置为"从上一项开始"，如图 6-4-86 所示，以便 4 张图一齐向 PowerPoint 页中心靠拢。第 5 页动画效果设置完毕。

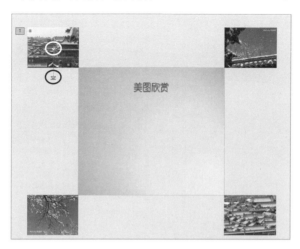

图 6-4-83　设置图片动画的动作路径后的效果

图 6-4-84　将动作路径的终点拖曳至指定位置

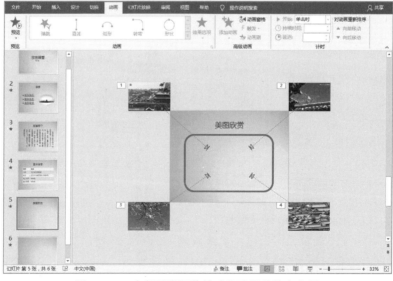

图 6-4-85　全部四张图片的动作路径的终点位置

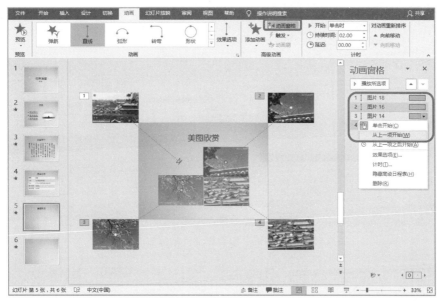

图 6-4-86　图片的动画效果设置

步骤 11：为第 3～5 页设置"返回目录"的动作按钮超链接。

具体操作：选择第 3 页幻灯片，打开"插入"菜单，单击"形状"中"动作按钮"的"转到主页"按钮，如图 6-4-87 所示。在本页右上角位置创建一个按钮，并使其超链接指向第 2 页，如图 6-4-88 所示。再将按钮的形状样式设置成"细微效果-灰色，强调颜色 3"，如图 6-4-89 所示。

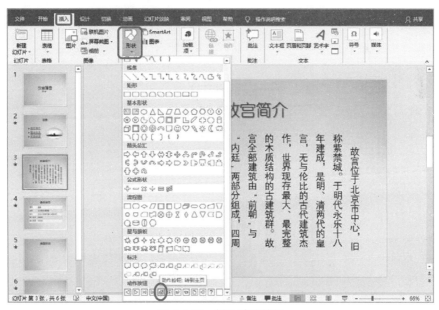

图 6-4-87　插入动作按钮

图 6-4-88　设置第 3 页超链接

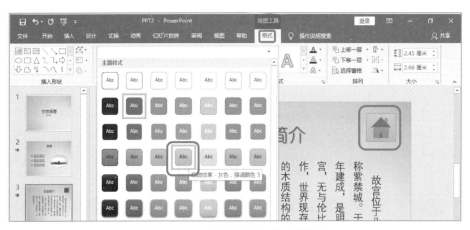

图 6-4-89　设置动作按钮的形状样式

复制这个按钮,粘贴到第 4 和第 5 页(会自动粘贴到相同位置),如图 6-4-90 所示。

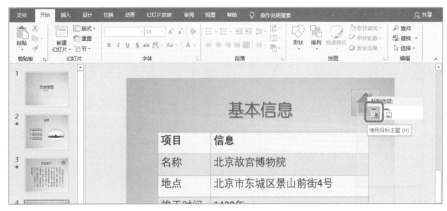

图 6-4-90　粘贴动作按钮到第 4 和第 5 页

步骤 12：为第 6 页添加艺术字结束语，并添加字幕式动画效果。

具体操作：将第 6 页版式改为"空白"，如图 6-4-91 所示。在"插入"菜单中插入艺术字，再从素材文本文件中复制指定的四句诗词到该页中，并设置艺术字类型为图 6-4-92 中指定外观。文字字体为"华文行楷"，如图 6-4-93 所示。

图 6-4-91　修改幻灯片页的版式

图 6-4-92　插入指定样式的艺术字

图 6-4-93　设置艺术字的字体

为艺术字添加动画效果,设置为"进入效果"中"更多进入效果"之"华丽型"的字幕式,如图 6-4-94 所示。然后设置从"上一动画之后"开始,并将持续时间改为"8 秒",如图 6-4-95 所示。

图 6-4-94　设置艺术字的动画效果

图 6-4-95　设置动画的开始点和持续时间

第7章 计算机网络基础与应用

7.1 计算机网络概述

随着计算机技术、通信技术的快速发展,计算机的应用已由早期的单机工作模式逐渐发展为网络化应用模式。

7.1.1 计算机网络的基本概念

计算机网络,是指将分布在不同地理位置上的具有独立功能的多台计算机,通过通信线路连接起来,在网络操作系统、网络管理软件及网络通信协议的管理和协调下,实现计算机之间的数据通信和资源共享。

完整的计算机网络系统主要由网络硬件系统和网络软件系统组成。

1. 计算机网络硬件系统

网络硬件设备是组建计算机网络的物质基础,又可以分为终端设备、中间设备和介质,如图 7-1-1 所示。终端设备,又称为主机,是人们最熟悉的网络硬件设备,主要包括台式计算机、笔记本电脑、工作站、服务器、网络打印机、VoIP 电话和网络摄像头等。除了终端设备,网络还要依靠中间设备来提供连通性并在后台运行才能确保数据在网络中通行,中间设备主要包括网卡、集线器、交换机、路由器、调制解调器、通信服务器和防火墙等。介质是连接网络终端设备和中间设备的物理要素,为数据从源设备传输到目的设备提供通道,主要包括光纤、双绞线、同轴电缆和无线电波等。

2. 计算机网络软件系统

网络软件系统是指运行在网络设备上的各种软件,主要包括网络操作系统、网络通信协议、网络管理软件、网络工具软件和网络应用软件等。

按照覆盖的地理范围进行分类,计算机网络可以划分为局域网、城域网和广域网三类。

(1) 局域网(Local Area Network,LAN),是在小区域内各种网络设备互连在一起形成的网络,覆盖范围通常局限在房间、大楼或园区内。

(2) 城域网(Metropolitan Area Network,MAN),是借助通信光纤将多个局域网连通公用城市网络形成的覆盖一个城市或地区的大型网络,使得不仅局域网内的资源可以共享,

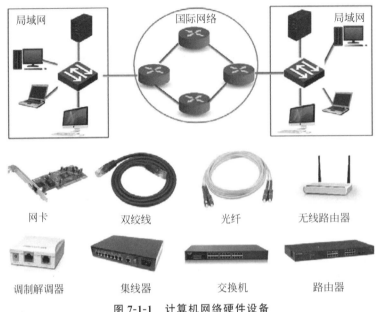

图 7-1-1　计算机网络硬件设备

局域网之间的资源也可以共享。

（3）广域网(Wide Area Network,WAN)，是一种远程网，所覆盖的范围从几十千米到几千千米，它能连接多个城市或国家，或横跨几个大洲提供远距离通信，形成国际性的远程网络。

7.1.2　Internet 基础

Internet，中文译名为因特网，又叫作国际互联网，是一种覆盖全球范围的最大计算机网络，Internet 是各种不同的计算机网络进行连接和通信的一种互联网络。为了满足不同用户需要，Internet 提供了多种接入方式，常见的上网方式主要包括以下几种。

（1）ADSL 接入方式。ADSL(Asymmetric Digital Subscriber Line)，即非对称数字用户线路。ADSL 技术是运行在原有普通电话线上的一种高速宽带技术，为用户提供上行和下行非对称的传输速率(带宽)。安装 ADSL 业务需要用户携带身份证到当地的电信部门申请，电信服务提供商的工作人员就会负责整个过程的安装，为用户的电话线串接 ADSL 局端设备。

（2）局域网接入方式。用户所在单位或社区已经构建了局域网并与 Internet 相连接，且用户的计算机所在的地理位置已经布置了接口。用户接入 Internet 只需一根双绞线将计算机连接到局域网接口，向网络管理员申请一个 IP 地址并在计算机上进行网络配置即可上网。

（3）小区宽带接入方式。小区宽带是大中城市较普遍的一种宽带接入方式，是指网络运营商已经将光纤铺设到住宅社区或办公园区，为小区提供共享带宽，也属于局域网接入。宽带接入通常由小区出面申请安装，网络运营商不受理个人服务。用户可询问小区物管或当地网络运营商是否已开通本小区宽带，接入 Internet 时只需一根双绞线将计算机连接到房间的宽带接口，并在计算机上进行网络配置即可上网。

（4）无线接入方式。无线接入方式是指部分或全部采用无线电波这一传输介质连接用户与交换中心的一种接入技术，主要应用在布线成本高、布线难度大的地区。无线接入技术与有线接入技术的一个重要区别在于可以向用户提供移动接入业务。

Internet 使用的网络协议是 TCP/IP 协议簇，通过它们可以实现各种异构网络之间的互联通信，其中 TCP 和 IP 是最核心的两个协议。计算机网络通信时，需要为每一台计算机事先分配一个类似电话号码的标志地址，即 IP(Internet Protocol)地址。IP 地址是一个 32 位的二进制数，由于二进制数的阅读和书写都很不方便，因此 IP 地址的标准写法为：按照 8 位一组，把 32 位的 IP 地址分为 4 组，组与组之间用圆点进行分隔，每组的值用一个 0～255 范围内的十进制数表示。例如，某学校的一个计算机 IP 地址为 202.108.129.56，则对应的二进制数值为：11001010 01101100 10000001 00111000。

Internet 提供了丰富的信息资源和应用服务，其中最常用的服务如下。

（1）万维网(World Wide Web,WWW)。万维网是一个基于超文本方式的信息查询工具，能够把位于全世界不同地方的 Internet 网上数据有机地组织起来，形成一个巨大的公共信息资源网。人们通过操作鼠标，就可以在 Internet 上浏览分布在全世界各地的文本、图像、声音和视频等信息，也可以把自己的信息资源放到 Internet 上，提供给其他用户访问，它缩短了整个世界的距离。检索并展示万维网信息资源的应用程序称为浏览器，国外主流网页浏览器有 Mozilla Firefox、Internet Explorer、Microsoft Edge、Google Chrome、Opera 及 Safari，国内许多互联网企业也推出网页浏览器产品，如百度浏览器、360 安全浏览器、QQ 浏览器、搜狗高速浏览器。

（2）电子邮件(E-mail)。电子邮件是指发送者和指定的接收者利用计算机通信网络发送信息的一种非交互式的通信方式。与传统的邮政通信相比，电子邮件能够传送文本、数据、声音、图像、视频等多种形式的信息，具有传输速度快、费用低、效率高、全天候、全自动服务等优点，同时不受时间、地点、位置的限制。近年来，随着电子商务、网上服务的不断发展和成熟，E-mail 已成为人们重要的通信方式。

（3）文件传输协议(File Transfer Protocol,FTP)。文件传输协议是用户在因特网上的两台计算机之间进行文件传输的通信协议。用户可以通过 FTP 与远程主机连接，从远程主机上把共享软件或免费资源复制到本地计算机上，也可以从本地计算机上把文件复制到远程主机上。在因特网中，并不是所有的 FTP 服务器都可以随意访问以及获取资源。FTP 主机可以对不同的用户给予不同的文件操作权限，如只读、读写、完全，一般要求用户输入账号和密码，才能访问主机。常用的 FTP 软件有 LeapFTP、CuteFTP 等。

（4）网上聊天。网上聊天是目前相当受欢迎的一项网络服务。人们可以安装聊天工具软件，并通过网络以一定的协议连接到一台或多台专用服务器上进行聊天。人们利用网上聊天软件发送文字等消息与别人进行实时的"对话",此外还能传送语音、视频等信息。由于在聊天时人人可以在网上以匿名的方式进行聊天,谈话的自由度更大,但是同时也带来一些负面影响,如有的人利用聊天发布一些不良不实信息,甚至违法犯罪。目前较为流行的聊天软件有 ICQ/OICQ、QQ、Skype 和微信等。

(5) 电子公告板系统(BBS,Bulletin Board System)。在计算机网络中,电子公告板系统为用户提供一个参与讨论、交流信息、张贴文章、发布消息的网络信息系统。目前,BBS 涉及的题材广泛,就像是一个虚拟社区,一些志趣相投的人常常聚集在一起讨论和交流。BBS 系统一般由系统管理员负责管理,用户可以是公众或经过资格认证的注册会员组成。国内有一些著名的 BBS 站点,如天涯社区(http://bbs.tianya.cn/)。

(6) 博客(Blog 或 Web Log)。博客是在网络上发布和阅读的流水记录,通常称为"网络日志"。博客提供给人们"一种表达个人思想、发表和张贴个人文章,按照时间顺序排列日志内容,并且支持不断更新的出版方式"。由于沟通方式比电子邮件、讨论群组更简单和容易,博客已成为家庭、公司、部门和团队之间越来越流行的沟通工具。目前有很多网站可以提供网友设立自己的账号并发表博客。

7.1.3　Windows 网络设置

我们无论是组建局域网或接入已有的局域网,都必须对每一台计算机进行网络配置,安装相应的网络协议。TCP/IPv4 是重要的网络协议,通常无需用户手动添加,只要更新网卡(有线或无线)驱动程序,就会自动安装 TCP/IPv4。我们以 Windows 10 操作系统为例说明设置 TCP/IPv4 的一般步骤。

(1) 打开控制面板,选择"网络和 Internet",单击"网络和共享中心"选项查看网络状态和任务。在打开的"网络和共享中心"窗口中,单击左侧的"更改适配器设置"选项,打开"网络连接"窗口,窗口中显示了当前计算机的每个网络适配器所支持的网络连接选项。例如配置有线网络,右击"本地连接",在弹出的快捷菜单中选择"属性"选项,打开属性对话框,如图 7-1-2 所示。

(2) 选择"Internet 协议版本 4(TCP/IPv4)",单击"属性"按钮,打开"Internet 协议版本 4(TCP/IPv4)"属性对话框,如图 7-1-3 所示。配置 IP 地址有两种方式,自动获取和固定地址。自动获取 IP 地址方式对 IPv4/IPv6 均适用,可以省去人工网络配置的麻烦,不需要输入 IP 地址、子网掩码、默认网关、DNS 等属性,而是从 DNS 服务器自动获取一个具有租用时间限制的 IP 地址,当租用到期后,该地址将分配给网络中的另一台计算机使用。与之相比较,固定地址一般长期有效,由网络管理员提供并需人工输入 IP 地址、子网掩码、默认网关、DNS 等属性。

图 7-1-2　网络属性设置

图 7-1-3　"Internet 协议版本 4
（TCP/IPv4）属性"对话框

7.2　网页浏览器

7.2.1　浏览器概述

　　万维网是目前发展最快且应用最广泛的 Internet 服务。网页是 WWW 存放信息的基本单位，采用超文本标记语言（HyperText Markup Language，HTML）编写，网页上可以包括文本、图片，甚至复杂的声音、视频和动画等内容。浏览器是可以显示网页文件，并支持用户与这些文件进行交互的软件。浏览器是最常用到的计算机应用程序，目前较常见的网页浏览器有 Internet Explorer、Firefox、Safari、Google Chrome、百度浏览器、搜狗浏览器、猎豹浏览器、360 浏览器和 QQ 浏览器等。不同公司推出的浏览器软件的界面风格虽有所不同，但它们所支持的浏览器核心功能是相似的。

7.2.2　Windows Edge

　　Windows 10 操作系统自带的浏览器为 Windows Edge，它的"e"字符图标与微软早期操作系统自带的 Internet Explorer 浏览器一直使用的图标类似。Windows Edge 浏览器启动后的界面如图 7-2-1 所示。

图 7-2-1　　Windows Edge 浏览器界面

Windows Edge 浏览器的主要功能如下。

（1）地址栏。任何浏览器均有地址栏，用于输入网址，按下"回车"键，即可登录到相应的网页上。曾经在地址栏输入过的网址信息会保留下来，可打开地址栏右侧的下拉列表进行选择。此外，Windows Edge 支持在地址栏中直接输入搜索内容，即可获得搜索建议、来自 Web 的搜索结果、你的浏览历史记录和收藏夹。

（2）添加到收藏夹。在网页浏览过程中，如果想保存自己喜欢的网页，可通过收藏夹功能来完成。单击地址栏右侧的"☆"按钮，打开"收藏夹"对话框，设置此网页收藏的名称、保存位置，可以保存在收藏夹的默认目录下，也可以新建文件夹进行分类管理。关于收藏夹的管理，可通过选择工具栏中的"≒"按钮或"…"按钮中的"收藏夹"选项，对收藏夹、阅读列表、历史记录和下载项进行管理。

（3）阅读视图模式。Windows Edge 浏览器的阅读视图模式可以屏蔽带有广告、弹窗的页面，给我们提供一个干净的阅读环境。单击地址栏右侧的"📖"阅读视图按钮，切换为页面的阅读视图模式。图 7-2-1 和图 7-2-2 分别为相同页面的普通网页模式和阅读视图模式。

（4）网页笔记标注。Windows Edge 浏览器增加了网页笔记标注与截图的新功能。选择工具栏中的"✎"添加笔记按钮，当前页面会出现笔记操作菜单，并进入笔记编辑界面。笔记操作菜单包括：圆珠笔、荧光笔、橡皮擦、添加笔记、剪辑、触摸写入、保存 Web 笔记、共享 Web 笔记和退出等按钮，提供用户对当前网页进行笔记标注、编辑、保存、截图等实用功能。

（5）主页设置。浏览器主页是用户打开浏览器时显示的主页面。在 Windows Edge 浏览器中，选择右上角菜单中的"…"按钮，选择"设置"选项，打开浏览器设置页面，通过设置"Microsoft Edge 打开方式"对浏览器的主页进行设置。如图 7-2-3 所示，"Microsoft Edge

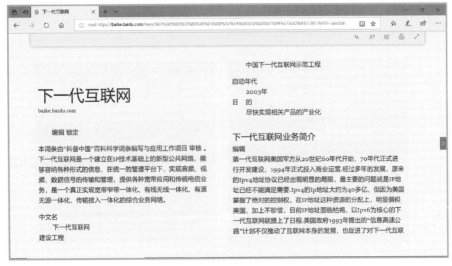

图 7-2-2　Windows Edge 浏览器的阅读视图模式

图 7-2-3　Windows Edge 浏览器的主页设置

打开方式"包括起始页、新建标签页、此前关闭的页面、特定页 4 个选项。如果用户想将主页设定为某个网站,选择"特定页"选项,输入网站地址 URL 并保存,重新打开 Microsoft Edge 浏览器,即可显示已设定的浏览器主页。

（6）清除浏览数据。在 Windows Edge 浏览器中,选择工具栏右上角中的"…"按钮,选择"设置"选项,打开浏览器设置页面,单击"选择要清除的内容"按钮,打开清除浏览数据页面。如图 7-2-4 所示,在勾选不同的选项后,单击"清除"按钮,进行浏览器历史记录的清除。

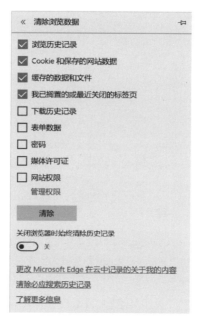

图 7-2-4 清除浏览数据设置

(7) 高级设置。在 Windows Edge 浏览器中,选择右上角菜单中的"..."按钮,选择"设置"选项,打开浏览器设置页面,单击"查看高级设置"按钮,打开高级设置页面。页面主要包括:网站安全设置、文件下载路径、隐私和服务等浏览器功能设置。

7.2.3 信息检索

信息检索(Information Retrieval)是用户进行信息查询和获取的方法与手段,如情报图书部门的分类文献检索工具。随着互联网技术的快速发展与普及,目前基于 Web 的网络信息资源检索成为主流,浏览器已经成为人们进行信息检索最有效便捷的工具。搜索引擎是 Web 资源检索工具的典型代表。

搜索引擎按照工作方式可以分为多种形式,以下介绍其中 3 种主流的搜索引擎。

1. 全文搜索引擎

全文搜索引擎实际上是搜索互联网上千万至上亿的网页并对网页中的关键词进行索引,建立索引数据库。当用户要查询某个关键词的时候,所有包含该关键词的网页都会被搜索处理,按照与搜索关键词的相关度高低,经过一定的算法进行排序,将查找的网页结果反馈给用户。常见的全文搜索引擎如下。

- 谷歌网站(www.google.com)
- 百度网站(www.baidu.com)
- 微软必应(www.bing.com)

2. 分类目录索引搜索引擎

分类目录索引搜索引擎也称为网络资源指南,主要通过人工方式或半自动方式发现信息,依靠专业信息人员的知识进行搜集、分类,并置于目录体系中。用户在目录分类体系中,进行逐层浏览和查找,搜索到具体的信息资源。常见的分类目录索引搜索引擎如下。

- 雅虎网站(www.yahoo.com)
- 搜狐网站(www.sohu.com)
- 网易网站(www.163.com)

3. 元搜索引擎

元搜索引擎就是通过一个统一的用户界面帮助用户在多个搜索引擎中选择和利用合适的、甚至是若干个搜索引擎来实现检索操作,是对分布于网络的多种检索工具的全局控制机制。元搜索引擎提高了搜索速度,实现了智能处理搜索结果和个性化设置搜索功能,具有更高的查全率和查准率。常见的元搜索引擎如下。

- Dogpile(www.dogpile.com)
- 聚搜(www.jusou.com)
- MEZW(so.mezw.com)

7.3　电子邮件

7.3.1　概述

电子邮件是 Internet 提供的一种最常用的信息交互服务。国内用户可以在网易、新浪、搜狐等门户网站上申请个人电子邮箱,通过网站提供的电子邮件系统,与世界上任何一个角落的用户进行邮件往来。此外,很多企业网站也为员工提供企业办公邮箱,利用电子邮件开展日常业务已成为应用最普遍的信息化办公模式,极大地提高了工作效率。

电子邮件在 Internet 上发送和接收的原理与我们日常生活中邮寄包裹是相似的。当我们要寄一个包裹时,首先要找到一个提供这项业务的邮局,填写收件人姓名、地址等信息;然后包裹就寄出并转送到收件人所在地的邮局,那么对方取包裹的时候就必须去这个邮局才能取出。同样的原理,当我们发送电子邮件时,首先要到提供电子邮件服务的网站注册一个电子邮箱,然后每次发送邮件时,都登录到自己的电子邮箱中,填写收件人的电子邮件地址和信件内容,并发送邮件;然后这封邮件由网站的邮件发送服务器发出,根据收件人的地址判断对方的邮件接收服务器并将这封信发送到该服务器上,收件人要收取邮件也只能访问这个服务器,登录自己的电子邮箱,收到并浏览这份邮件。

一个电子邮件系统通常由三个构件组成:用户代理、邮件服务器、邮件发送协议和邮件读取协议。用户代理又称电子邮件客户端软件,方便用户进行邮件的编辑、浏览和处理。邮件服务器负责发送和接收邮件,同时向发件人报告邮件发送的结果。邮件发送协议规定了用户代理向邮件服务器发送邮件、邮件服务器之间发送邮件的方式,如简单邮件传送协议

SMTP(Simple Mail Transfer Protocol);邮件读取协议规定了用户代理从邮件服务器读取邮件的方式,如邮局协议 POP3(Post Office Protocol 3)。整个邮件的传输过程如图 7-3-1 所示。具体步骤如下。

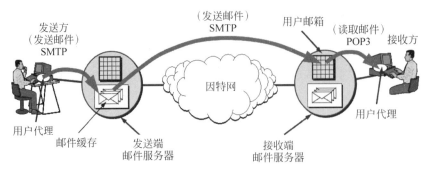

图 7-3-1　邮件传输过程

(1) 发件人调用主机中的用户代理撰写和编辑要发送的邮件。

(2) 发件人的用户代理通过 SMTP 将邮件发给发送端邮件服务器。

(3) 发送端邮件服务器通过 SMTP 将邮件发给接收端邮件服务器。

(4) 接收端邮件服务器将邮件放入收件人的邮箱。

(5) 收件人通过用户代理使用 POP3 从邮件服务器读取邮件。

目前,越来越多的用户采用基于万维网的电子邮件收发方式。此时,用户代理为浏览器,那么邮件的传输过程如图 7-3-2 所示,发件人使用 HTTP 通过浏览器将邮件发送给发送端邮件服务器,收件人使用 HTTP 协议通过浏览器从接收端邮件服务器读取邮件。

图 7-3-2　基于万维网的邮件传输过程

7.3.2　电子邮箱注册与使用

用户要使用电子邮件服务,必须在一个提供电子邮件服务的网站注册一个电子邮箱地址。电子邮箱地址的格式为:用户名@邮件服务器域名。

例如 example@163.com,其中符号"@"为分隔符,example 为用户名,163.com 为网易邮件服务器的域名。电子邮箱的用户名是在此网站电子邮件服务器上注册的用户标识,每个邮件服务器管理众多的客户电子邮箱,这个用户名在该邮件服务器上必须是唯一的,这样就保证了每个电子邮箱地址在世界范围内的唯一性。

电子邮箱有收费和免费两种方式,目前国内外很多门户网站仍提供免费的电子邮箱服务。用户只要能访问这些站点的电子邮箱服务网页，就可以免费注册并使用自己的电子邮箱。国内部分免费电子邮箱服务站点见表 7-3-1。

表 7-3-1 部分免费电子邮箱服务站点

名 称	地 址
网易 163 邮箱	https://mail.163.com/
网易 126 免费邮箱	https://www.126.com/
新浪邮箱	https://mail.sina.com.cn/
搜狐邮箱	https://mail.sohu.com/
阿里云邮箱	https://mail.aliyun.com/

不同的电子邮箱服务网站虽然在服务网页的界面风格和注册细节上略有差异，但是基本的电子邮箱注册和使用方法是相似的。我们可以根据本章任务 7.2 在网易 126 免费邮箱服务网站上学习如何注册一个电子邮箱，以及如何使用电子邮箱进行收发邮件。

7.3.3 电子邮件客户端软件

用户可以通过浏览器在线收发电子邮件，也可以通过邮件客户端软件进行邮件管理。电子邮件客户端软件是一款安装在计算机或其他智能设备上的应用软件，通常使用 POP3、SMTP、IMAP 等实现收发电子邮件。用户在邮件客户端软件上配置了账户信息后，每次打开邮件客户端软件，不需要输入账户和密码就可以收发电子邮件。此外，邮件客户端软件可以同时绑定多个邮箱账号，不需要再登录邮箱，用起来更加方便快捷。用户常用的客户软件有 Foxmail、Outlook、Windows Live Mail、Gmail 等。Windows 10 自带了邮件客户端软件“邮件”，支持多个账户和多种邮件协议。

用户可以通过开始菜单，打开 Windows 10 邮件客户端软件“邮件”，如图 7-3-3 所示。

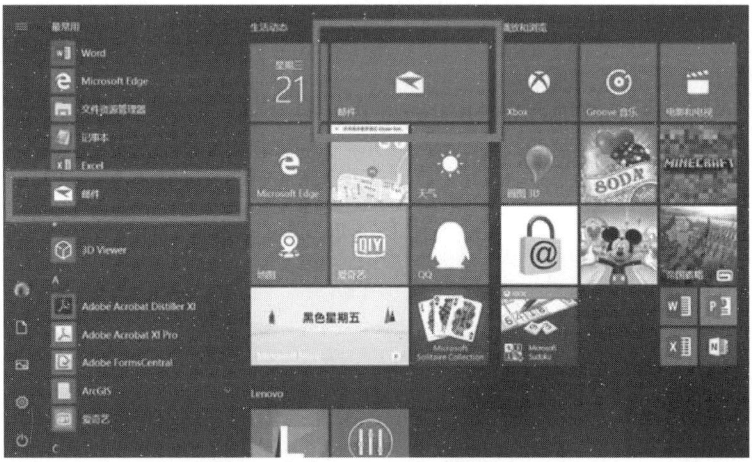

图 7-3-3 启动 Windows 10 邮件客户端

1. 添加电子邮件账户

首次启动 Windows 10 邮件时,在弹出的窗口中单击"添加账户"按钮,打开"添加账户"对话框,如果给出的列表中不包括用户添加的邮件服务器,则选择"其他账户"或"高级设置"中的"Interne 电子邮件",如图 7-3-4 所示。在"Interne 电子邮件"窗口中,包含了较多账户相关配置信息,通过拉动滚动条依次浏览并填写。这些配置信息主要包括:电子邮件地址、用户名、密码、账户名、传入电子邮件服务器、账户类型、传出(SMTP)电子邮件服务器。以本章任务 7.2 中注册的网易 126 免费邮箱为例说明电子邮件账户信息配置。

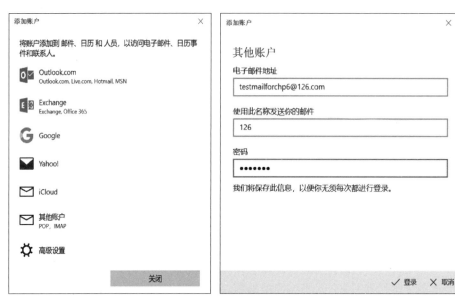

图 7-3-4   在邮件客户端中添加

如果用户已添加过邮件账户,再次添加新的邮件账户,单击邮件软件窗口左下方工具条上的设置按钮,在右侧的设置面板中选择"管理账户"(图 7-3-5)。在管理账户面板上,单击"添加账户"按钮,打开"添加账户"对话框。如果你的邮件服务器不在对话框列表中,可选择"其他账户"进行配置。打开一个新的对话框窗口,与图 7-3-4 所示相同。按照提示,依次输入自己的电子邮件地址、用户名、登录密码等信息。通常情况下,Windows 10 的邮件客户端软件能够自动检测出几乎所有邮箱地址对应的配置信息,并完成自动配置工作。单击"登录"按钮,即可完成当前账户的添加工作。

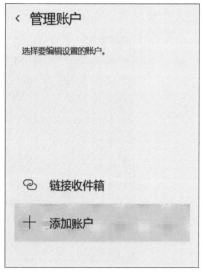

图 7-3-5   管理账户

2. 创建新邮件

如图 7-3-6 所示,单击左侧菜单条的"+"按钮,可以打开一个空白的邮件撰写窗口。在该窗口中填写收件人地址、主题,撰写邮件内容,添加附件。可以给自己申请的邮箱发送一封测试客户端邮件。邮件写好后,单击"发送"按钮,将测试邮件发送出去。如果目前计算机处于未联网状态,邮件会存在待发的文件夹"发件箱"中,待联网时发送。

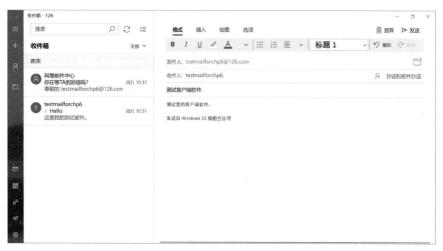

图 7-3-6　创建新邮件

3. 阅读邮件

当计算机处于联网状态,打开邮件客户端程序,如果有新邮件,会自动传送到你的计算机上。图 7-3-7 所示为接收到的新邮件,其中包括发给自己的测试邮件。对于收件箱中任何一封打开的邮件,可以单击"答复"按钮,直接打开新邮件的撰写窗口,并且邮件收件人处已经自动填好,来信内容也自动复制到邮件正文撰写区中,如果不需要,可以直接删除。这种方式可以帮助我们更方便地处理来信,答复发件人。

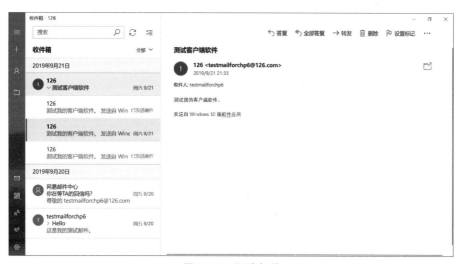

图 7-3-7　阅读邮件

7.4 网络安全软件

随着计算机技术的迅速发展,基于计算机网络的信息共享和业务处理应用日益普及,基于网络连接的安全问题也日益突出。

7.4.1 网络安全

影响网络安全的威胁主要包括自然灾害或环境干扰、系统故障、操作失误、人为破坏,其中计算机病毒的破坏和黑客的攻击等人为蓄意破坏,需要进行综合防范。

1. 计算机病毒及防治

计算机病毒是指编制者在计算机程序中插入的破坏计算机功能或者数据的、影响计算机使用并能够自我复制的一组计算机指令或者程序代码。计算机病毒具有传播性、隐蔽性、感染性、潜伏性、可激发性和破坏性。计算机一旦感染病毒后,常见的表现症状如下。

- 计算机系统运行速度减慢。
- 计算机系统经常无故发生死机、蓝屏。
- 操作系统无故频繁出现错误。
- 计算机存储容量异常。
- 系统不识别硬盘,磁盘卷标发生变化。
- 丢失文件,文件异常损坏,文件的日期、时间或属性发生变化,文件无法正确读取、复制或删除。
- 计算机启动项含有可疑的启动项。
- 运行应用程序无反应,应用程序图标被篡改或空白。
- Word 或 Excel 提示执行"宏"。

计算机病毒的主要传播途径包括两种:一是通过移动介质传播,如移动硬盘、优盘;另一种是通过网络传播,随着计算机网络的迅速发展,计算机病毒的形式和传播日趋多样化,通过网络传播病毒的范围和速度远高于前者。常见的计算机病毒防治措施包括如下。

- 安装正版的杀毒软件,并经常升级,定期进行查杀病毒。
- 及时安装系统补丁,修补漏洞。
- 不下载和打开来历不明的软件或文件。
- 不浏览不良网站或含有明显错误的网站。
- 不打开不安全的链接和邮件,不直接运行邮件附件。
- 重要的文件和数据要及时加密和备份。

2. 黑客攻击及防治

黑客泛指擅长计算机各类技术并且在设计和编程上水平超高的人群。黑客攻击手段可分为非破坏性攻击和破坏性攻击两类。非破坏性攻击旨在扰乱系统的运行,并不盗窃系统资料,通常采用拒绝服务攻击或信息炸弹;破坏性攻击则以侵入他人计算机系统、盗窃系统保密信息、破坏目标系统的数据为目的。

防范黑客攻击的措施主要是从两个方面入手:一是从技术层面,要建立具有安全防护能力的网络和改善已有网络环境的安全状况;二是管理层面,要强化网络专业管理人员和计算机用户的安全防范意识,提高防止黑客攻击的技术水平和应急处理能力。对于企事业单位的计算机管理中心和网站,在硬件配置上要采用防火墙技术、设置陷阱网络技术、黑客入侵取证技术,进行多层物理隔离保护;在软件配置上要采用网络隐患扫描技术、查杀病毒技术、分级限权技术、重要数据加密技术、数据备份和数据备份恢复技术、数字签名技术、入侵检测技术、黑客攻击事件响应(自动报警、阻塞和反击)技术、服务器上关键文件的抗毁技术等;此外还需配备专业的网络安全管理人员。对于普通计算机用户而言,要安装查杀病毒和木马的软件,及时修补系统漏洞,重要的数据要加密和备份,注意个人的账号和密码保护,养成良好的上网习惯。

7.4.2 Windows Defender 安全中心

Windows Defender 是 Windows 10 内置的一款杀毒软件。Windows Defender 不仅能扫描系统,还可以对系统进行实时监控,移除已安装的 Active X 插件,清除大多数微软的程序和其他常用程序的历史记录。

在开始菜单中找到"Windows Defender 安全中心"并单击打开软件主界面,如图 7-4-1 所示。Windows Defender 包括以下 7 个方面安全防护。

图 7-4-1 Windows Defender 安全中心

(1) 病毒和威胁防护。病毒和威胁防护可以运行完全扫描、自定义扫描和脱机版扫描等不同类型的扫描,并支持查看之前的病毒和威胁扫描结果,可以自动更新 Windows Defender 防病毒库获取最新保护。

(2) 账户保护。访问登录选项和账户设置,包括 Windows Hello 和动态锁屏。

（3）防火墙和网络保护。管理防火墙设置，并监控网络和 Internet 连接的状况。

（4）应用和浏览器控制。更新 Windows Defender SmartScreen 设置来帮助设备抵御具有潜在危害的应用、文件、站点和下载内容。还提供 Exploit Protection，可以为设备自定义保护设置。

（5）设备安全性。查看有助于保护设备免受恶意软件攻击的内置安全选项。

（6）设备性能和运行状况。查看有关设备性能运行状况的状态信息，维持设备干净并更新至最新版本的 Windows 10。

（7）家庭选项。在家里跟踪孩子的在线活动和设备。

Windows Defender 的以上安全防护内容会显示不同的状态图标。

- 绿色表示设备受到充分保护，没有任何建议的操作。
- 黄色表示有可供采纳的安全建议。
- 红色表示警告，需要立即关注。

当需要暂时关闭 Windows Defender 防病毒保护时，可以关闭实时保护。单击 Windows Defender 安全中心主界面左下角的"设置"按钮，打开设置面板。单击"病毒和威胁防护"设置按钮，在打开的面板中，将"实时保护"设置切换为"关"，此面板中还包括其他病毒和威胁防护相关设置。

7.4.3　Windows Defender 防火墙

所谓"防火墙"，是一种将内部网和公众访问网（如 Internet）分开的隔离技术。防火墙在两个网络通信时执行一种访问控制尺度，允许"同意"的人和数据访问网络，同时将"不同意"的人和数据拒之门外，最大限度地阻止网络中的黑客来访问内部网络。

若要打开或关闭 Windows Defender 防火墙，请单击"开始"按钮，然后依次选择"设置"→"更新和安全"→"Windows 安全中心"→"防火墙和网络保护"。选择网络配置文件，然后在"Windows Defender 防火墙"下，将设置切换为"开"或"关"，还可以对"病毒和威胁防护"进行更具体的设置，如图 7-4-2 所示。

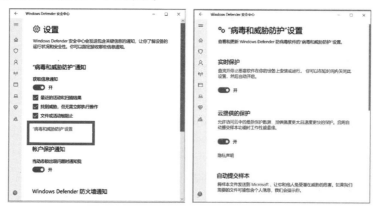

图 7-4-2　"病毒和威胁防护"设置

7.5　本章任务

7.5.1　任务 1——使用浏览器进行资料检索

1. 任务描述

打开 Windows Edge 浏览器，访问百度网站（www.baidu.com），分别采用全文搜索和分类目录搜索两种方式完成"下一代互联网"资料检索任务：

（1）在百度首页的搜索框中直接查找"下一代互联网"，选择任意两个相关内容的网页并保存；

（2）使用百度网站的分类检索平台——百度学术，检索"下一代互联网"，下载任意两篇相关内容的学术论文。

通过本任务，熟悉 Windows Edge 浏览器的使用，并掌握资料检索的一般方法。要求在掌握 7.2 节知识基础上完成本任务。

2. 任务实现

第一种方式：采用全文搜索"下一代互联网"资料。操作步骤如下。

步骤 1：如图 7-5-1 所示，打开 Windows Edge 浏览器，在地址栏中键入 http://www.baidu.com，按"回车"键后打开百度网站的主页。在搜索栏中输入"下一代互联网"，按"回车"键或单击页面上的"百度一下"按钮。随即显示搜索结果页面。

图 7-5-1　在百度网站页面中输入搜索关键词

步骤 2：随机选择页面上的两条搜索结果，链接到相应的页面并进行保存。例如，单击第一条搜索结果，链接到"百度百科"页面。目前 Windows Edge 浏览器版本不支持保存网页功能,因此可将网页保存为 PDF 文档。单击工具栏右上角中的"..."按钮,选择"打印"菜单,打开如图 7-5-2 所示的窗口。在该打印设置窗口中,可以看到预览打印效果,在打印机选项中选择"Microsoft Print to PDF",如图 7-5-3 所示,单击"打印"按钮,弹出"打印输出另存为"对话框,选择本地磁盘的某个存储目录,并输入文件名"第一条搜索页面",单击"保存"按钮。

图 7-5-2   在浏览器页面中进行打印

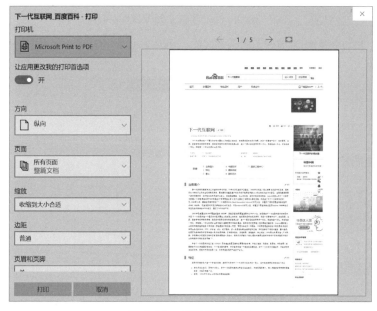

图 7-5-3   打印设置窗口

PDF 文档是一种常用的文件格式,安装其应用软件后可以在 Office 的组件、浏览器以及其他软件打印设置的设备列表中找到。PDF 文档可以较好地保留原始文件的显示格式,并以文档存储的方式实现虚拟打印。

　　第二种方式：采用分类搜索"下一代互联网"资料。操作步骤如下。

　　步骤 1：打开百度网站的主页，单击页面右上角的"更多产品"，在弹出的快捷菜单中选择"全部产品"，打开全部产品分类页面，找到"百度学术"，如图 7-5-4 所示。

图 7-5-4　分类搜索"百度学术"

　　步骤 2：在"百度学术"的搜索框中输入"下一代互联网"，按"回车"键，页面的搜索结果会列出相关的学术论文和图书。随机选择页面上的两条搜索结果，链接到相应的页面并进行下载保存。例如，单击第一条搜索结果，链接到相应的页面，如图 7-5-5 所示，选择"全部来源"中的一个，进一步链接到相应的页面并根据提示信息下载学术论文。大部分高等院校校内网均支持以上学术来源中的一个或多个，但是在校园网以外下载时通常需要支付费用。

图 7-5-5　下载学术论文

图 7-5-5　(续)

7.5.2　任务 2——注册免费邮箱并收发电子邮件

1. 任务描述

打开 Windows Edge 浏览器,访问网易 126 免费邮箱网站(www.126.com),分别完成以下任务:

(1) 注册一个网易 126 免费电子邮箱,用户名由自己定义;

(2) 登录到自己注册的 126 电子邮箱,给自己的邮箱地址发送一封问候邮件,并接收这封邮件。

要求在掌握 7.3 节知识基础上完成本任务。

2. 任务实现

(1) 注册电子邮箱的操作如下。

步骤 1:访问网易 126 免费邮箱网站。打开 Windows Edge 浏览器,在地址框中键入 http://www.126.com,按"回车"键后进入网易 126 免费邮箱的主页,如图 7-5-6 所示。

步骤 2:申请免费 E-mail 邮箱。单击页面上的"注册"按钮,打开如图 7-5-7 所示的页面,要求用户输入注册邮箱的用户名、密码、手机号码、验证码和短信验证码等基本信息。正确填写完毕后,勾选同意"服务条款"和"隐私权相关政策"选项,单击"立即注册"按钮。注意:"用户名"需要自己定义,但设想的用户名有可能已经被注册,注册系统会提示用户,只有输入了一个从未被注册的用户名后,才能够成功注册邮箱。此外,"密码"是今后登录电子邮箱的重要信息,所以要求用户输入两次,即"密码"和"确认密码",并且两次的输入必须一致。其他信息按照提示内容输入即可,带"*"的是必填项。最后勾选《网易邮箱账号服务条款》和《网易隐私政策》"后,单击"立即注册"按钮,显示注册成功页面。此时,可以直接单击"进入邮箱"按钮进入邮箱。

图 7-5-6　网易 126 免费邮箱主页

图 7-5-7　注册网易 126 免费邮箱

（2）使用电子邮箱进行收发邮件的操作如下。

步骤 1：在线登录网易 126 电子邮箱。打开 Windows Edge 浏览器，在地址框中键入 http://www.126.com，按"回车"键后进入网易 126 免费邮箱的主页。在邮件账号输入选项卡中，正确输入用户名和密码，单击页面上的"登录"按钮，打开如图 7-5-8 所示的电子邮箱页面。

页面上端显示了本邮箱的账号，以及"升级""设置""帮助"按钮，可展开菜单进行相应的功能设置，此处还有"退出"按钮，在完成收发邮件操作后，可单击"退出"按钮安全退出邮箱账号。页面左侧是收发邮件操作部分，单击相应按钮，页面右侧就会显示对应的界面。

图 7-5-8　网易 126 电子邮箱页面

　　步骤 2：发送邮件。单击页面左侧的"写信"按钮,显示如图 7-5-9 所示的邮件撰写和发送页面。在"收件人"处填写邮件要发送的目的邮箱,本任务填写自己新申请的邮件账号,即用自己的邮箱先发送一个测试邮件,然后再用自己的邮箱接收该邮件。在"主题"处填写一个标题,以提示收件人本邮件的主要内容是什么。在页面下部的正文区域输入邮件的具体内容,本任务填写"这是我的测试邮件"。注意:我们在发送邮件时,有时可能需要发送给收件人其他文档,如 Word、PowerPoint、Excel、MP3 等文件,这时可单击"主题"下面的"添加附件",在弹出的对话框中,选择存储在计算机相应路径下的文件即可。在完成邮件标题、正文、附件等内容后,单击页面上方的"发送"按钮发出邮件,此时页面跳转,显示邮件发送结果。

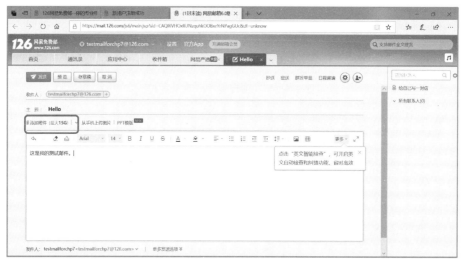

图 7-5-9　发送邮件

　　步骤 3：收邮件。如果当前没有打开浏览器，首先打开 Windows Edge 浏览器，访问网易 126 免费邮箱网站，登录自己新申请的电子邮箱。单击页面左侧的"收信"按钮或"收件箱"按钮，打开收件箱列表，能够看到测试邮件，如图 7-5-10 所示。单击标题"Hello"，打开测试邮件。

图 7-5-10　接收邮件

图 书 资 源 支 持

感谢您一直以来对清华版图书的支持和爱护。为了配合本书的使用,本书提供配套的资源,有需求的读者请扫描下方的"书圈"微信公众号二维码,在图书专区下载,也可以拨打电话或发送电子邮件咨询。

如果您在使用本书的过程中遇到了什么问题,或者有相关图书出版计划,也请您发邮件告诉我们,以便我们更好地为您服务。

资源下载、样书申请

书 圈

我们的联系方式:

地　　址: 北京市海淀区双清路学研大厦 A 座 701

邮　　编: 100084

电　　话: 010-83470236　　010-83470237

资源下载: http://www.tup.com.cn

客服邮箱: 2301891038@qq.com

QQ: 2301891038(请写明您的单位和姓名)

扫一扫,获取最新目录

课 程 直 播

用微信扫一扫右边的二维码,即可关注清华大学出版社公众号"书圈"。